THE WINNING

决胜秘籍

FORMULA

金庸江湖的职场智慧

山里听雨

著

SPM 南方传媒 | 广东人民出版社

·广州·

图书在版编目（CIP）数据

决胜秘籍：金庸江湖的职场智慧 / 山里听雨著. —广州：广东人民出版社，2023. 10

ISBN 978-7-218-16410-6

Ⅰ. ①决… Ⅱ. ①山… Ⅲ. ①成功心理—通俗读物 Ⅳ. ① B848. 4-49

中国版本图书馆 CIP 数据核字（2022）第 252658 号

JUESHENG MIJI：JINYONG JIANGHU DE ZHICHANG ZHIHUI

决胜秘籍：金庸江湖的职场智慧

山里听雨 著

出 版 人： 肖风华

责任编辑： 马妮璐

责任技编： 吴彦斌 周星奎

装帧设计： WONDERLAND Book design 仙境 QQ:344581934

出版发行： 广东人民出版社

地　　址： 广东省广州市越秀区大沙头四马路 10 号（邮政编码：510199）

电　　话：（020）85716809（总编室）

传　　真：（020）83289585

网　　址： http://www.gdpph.com

印　　刷： 北京飞帆印刷有限公司

开　　本： 710mm×1000mm 1/16

印　　张： 16.5 **字　　数：** 240 千

版　　次： 2023 年 10 月第 1 版

印　　次： 2023 年 10 月第 1 次印刷

定　　价： 58.00 元

自　序

金庸先生的小说堪称经典，全球有华人的地方，就有他的读者；没有华人的地方，也有人在读他的小说译本。金庸小说的内容丰富而又有深度，既可以当故事读，又可以当寓言读，甚至可以当神话读。在金庸的小说里，可以看人性、看社会、看政治、看历史、看哲学。金庸笔下各个人物的成长历程，可以提炼出很多教育真经（见拙作《读金庸说教育》）。

多年来，我继续深入研读，细致分析金庸笔下各个人物的目标追求、策略谋划、行为做派，以及他们职场经历的跌宕起伏，发现也可以提炼出职场成长的修炼真经。

职场，是每个人儿时的梦想，我们在年少的时候，总是幻想自己将来能在一方天地壮志凌云，不负韶华。

职场，也是每个人老时的笑谈，大家在回忆往事时，既有踌躇满志的荣光，可能又有些许遗憾。

职场，更是当下在职人士各种难事、急事、琐事、破事汇聚下的修罗大场，很多人被繁重的任务指标压弯了腰，或被职场内卷、竞争对手蹂躏得很受伤，常常感觉深陷在黑暗泥潭中苦苦挣扎，孤立无援。

有些职场大咖看似满面风光，外人却根本不知道他们背后的苦楚和委屈，他们中的许多人甚至是靠成就感在苦苦支撑，艰难地踯躅前行。很多职场人士都巴不得能早日逃离，把那些琐碎破事抛诸脑后，享受一下人生的闲暇时光。

职场，是人生旅途最重要的过程，也是一个人才华和智慧得以充分发挥的平台。有的人在职场上经营得风生水起、大红大紫；有的人忙碌半生却一事无成、落寞黯然；也有的人，起步顺畅，却结局惨淡，眼看他起高楼，眼看他宴宾客，眼看他楼塌了，只留下过眼云烟。

职场是赛场。在这里，人们从来只听到胜利者的欢呼，不会关注失败者的眼泪。在这个赛场上，虽然有一定的显性规则，但更多的是要靠职场人士自己去揣摩分析很多的隐性因素，从而充分整合资源，借势借力，最终实现超越，让自己笑到最后。

职场是秀场。"朝为田舍郎，暮登天子堂"，如果你有充分的能量储备，再经过一番打拼，你就可能获得让人惊艳的辉煌。那时你可以鲜衣怒马，一日看尽长安花，那一刻，你或许会感觉人世间的美好都在你身上。

职场是剧场。很多人身陷其中，只看到其他人你方唱罢我登场，轰轰烈烈闹得欢，待到曲终人散，离席之后，方知自己成了别人的嫁衣裳。若想重新来一场，却已经是曾经沧海难为水，世间再无回头路。

职场从来没有像快马拉空车那样的轻松惬意，而是需要负重前行、精心布局。金庸先生亦是如此，他曾先后在香港《新晚报》《大公报》工作，创作了《书剑恩仇录》《雪山飞狐》《射雕英雄传》，待积累了一定知名度时，他放弃优厚的待遇，自立门户创办《明报》。而当时的香港媒体市场已经被几个大报瓜分完毕，金庸先生做出这样的决定，需要面对的风险极大，弄不好就会一无所获。

他真可以说是破釜沉舟、孤注一掷。当开始自主创业后，他就进入了人生最累、最苦的时期，他每天同时写两篇小说的章节在《明报》连载，《神雕侠侣》《天龙八部》就是这么创作出来的。同时他每天还要完成一篇社评，这样的工作强度可想而知，可谓是夙兴夜寐，不敢稍有一丝懈怠。金庸先生这样苦苦坚持了七八年时间，《明报》终于跻身于香港的大报行列，他的事业终于获得巨大成功。从金庸先生的职场经历来看，他不但是成功的小说家，更是成功的商界大亨。他是我们职场人士的榜样。

金庸先生笔下有各类鲜活的人物，其中成功者有成功的理由，而失败者也有失败的原因。很多人物角色的人生轨迹，都是金庸先生根据自己对人生职场规律的深刻总结和精心提炼，赋予人物性格和使命，最终安排他们的归宿。可以说，很多人物角色的命运都来自于现实生活的写照。

笔者作为资深的金庸迷，对金庸小说百读不厌，在充分尊重金庸原著的基础上，根据自己在职场跌跌撞撞、摸爬滚打几十年的经验体会，解析金庸小说中各类人物的职场特色，再融入当下职场热点，把一些职场隐性元素明晰化。希望为读者行走职场江湖，提供一些案例素材参考。

本书不仅剖析了金庸小说中一些耳熟能详的人物角色，比如，乔峰、郭靖、黄蓉、胡斐等职场大咖的智慧谋略，同时也对一些小角色、小人物的职场经历做了深度挖掘。这些小人物映射着我们普通人的影子。他们被时代裹挟，被主角光环覆盖……或许，他们的成功和失败的经历，会更值得我们深思和借鉴。

当然，每一个读者心中都有一个不同的金庸世界，每一个职场人在职场道路上都有自己的选择。只有洞穿职场的显性规则和隐性元素，我们的选择才不会迷茫，我们的前行之路才不会孤单。

山里听雨

2022 年 8 月

目　录

CONTENTS

第一章

职场起步　总是艰难

第二章

打怪升级 增强才干

第三章

另辟蹊径 积蓄能量

第四章

聚合资源 成就一方

第五章

大咖风范 笑傲职场

第一章 职场起步总是艰难

初入职场别轻狂

林平之为什么“掉线”

金庸人物注解

林平之：《笑傲江湖》中的人物。林平之生在富庶的商人家庭，自幼被万千宠爱，不识人间险恶，武功不高却任侠好义。因为祖传《辟邪剑谱》遭武林中人觊觎而被灭门，血海深仇加身，他被迫踏入江湖，却被连番利用谋害，最后发现自己竟是腥风血雨的江湖里人人想要掠夺的“物品”，唯一的依靠却是一门灭绝人性的武功。在无止境的厄运洪流中，逆流而上的林平之也逐渐为险恶残酷的江湖所沾染，走向另一毁灭性的极端，杀伐残酷，狠辣绝决。他

初入职场第一步该怎么走？这是每个年轻人的必修课，来看看林平之的职场初印象，或许对大家有所启发。

林平之，他在《笑傲江湖》中出场时是何等光彩，“突然间后院马蹄声响……当先一匹马全身雪白，马勒脚蹬都是烂银打就，鞍上一个锦衣少年，约莫十八九岁年纪，左肩上停着一头猎鹰，腰悬宝剑，背负长弓，波喇叭马疾驰，背后跟随四骑，骑者一色清布短衣”。

按金庸小说中的设定，林平之的确是“贵公子”。福威镖局总部在福州，在全国各地有十个分公司，公司业务人员、后勤辅助人员合计不下千人。林平之，可是含着金钥匙出生。作为接班人，他从小就跟老爹学习业务，花花套路会了不少，公司上下和他切磋讨论时，他简直所向无敌。而且，林平之的外公是鼎鼎大名的洛阳金刀王元霸，江湖资源更多，外公对他也是宠爱有加。大树底下好乘凉，

林平之可谓志得意满，风头无两。

某一天，林平之这么个看似前程似锦的好材料，却在打猎途中碰到了大麻烦。大麻烦就是觊觎林家《辟邪剑谱》的华山派和青城派，这俩门派各自打着小算盘都来到福州。华山公司CEO岳不群派出他的女儿岳灵珊和二徒弟劳德诺到福州，二人乔装在福州郊区路旁开了小酒馆，本想对林平之来个守株待兔。可偏不巧，青城公司CEO余沧海的儿子余人彦也到了酒馆，他看到娇滴滴的岳灵珊就要起了流氓，对她动手动脚。

自认为有两把刷子，平时却英雄无用武之地的林平之，觉得有机会大显身手了。他根本没有看清形势，就要上前英雄救美。哪知他能力不够，反被余人彦按在地上摩擦。虽然后来林平之在下属的帮助下，失手杀了余人彦，却招致了祸患，自己成了杀人犯不说，还连累福威镖局被满世界追杀。

从此，林平之的浩劫开始了，他被追杀、被侮辱、被欺骗、被利用……还被弄瞎了眼睛，最后还是令狐冲看在岳灵珊的面子上才让他苟度残生，被关入西湖底的囚牢。这下，林平之彻底不能再蹦跶了。

纵观林平之的一生，从少年得意到下场凄凉，究其原因，年少轻狂是早早埋下的雷。

福威镖局是林平之的曾祖林远图所创。他凭借

无情地杀害了深爱自己的岳灵珊，也因岳灵珊的遗言而逃过一死，结局是被令狐冲囚禁于西湖之底。

林震南：《笑傲江湖》中人物，威震江南的福威镖局总镖头。虽然武功低微，但生意手腕高明，娶洛阳金刀门王元霸之女为妻，两人生有林平之，而后林平之娶岳灵珊为妻。林震南祖父林远图创威震武林的“辟邪剑法”，并以其作为祖传信物，然而林震南所修练的为假辟邪剑法，远不及原剑法的威力强大。后“辟邪剑法”被青城派余沧海觊觎，惨遭灭门大祸，林远图与夫人被木高峰虐待，最后身亡，妻子亦死。岳不群，《笑傲江湖》中的人物，华山派掌门，江湖人称“君子剑”，实乃伪君子。他是当今正教中十位最强的好手之一，在江湖上有不少为人称道的义举，不论对谁都是一团

和气。他是华山弃徒令狐冲的养父兼师傅，对自幼是孤儿的令狐冲有养育之恩。他外表谦虚文雅，正气凛然，实则阴狠毒辣，富有智计和野心，为得辟邪剑谱，不惜迫害自己的徒儿、妻子和女儿，后为练辟邪剑法而自宫。夺得五岳掌门后，他因女儿被令狐冲杀死的谣言和妻子宁中则掉进陷阱，身中“三尸脑神丹”。

后来，在左冷禅用机关暗算观剑的五岳派时，岳不群趁机逃出，在密道中用渔网抓住令狐冲和任盈盈，并索要解药，却被令狐冲以吸星大法制住。恒山派的仪琳赶到，她从背后一剑将其杀死。岳不群为使华山派壮大，使出阴险手段夺取林家祖传的《辟邪剑谱》；为夺取五岳掌门之位，以绣花针刺瞎左冷禅的双眼。他的种种恶劣行为，遭到正派人士的联名讨伐，最终走向覆灭。

《辟邪剑谱》练成超强的业务能力，威名远扬，江湖上黑白两道说起福威镖局都竖起大拇指。由于特殊原因，《辟邪剑谱》没有传承，但丝毫不影响公司的事业发展。在孙子林震南手上，靠吃喝送礼继续开拓，事业越做越大，公司业务从四个省扩张到十个省。林平之总觉得家族事业之所以辉煌，核心业务能力一定独有所长，而且，父亲教他的花花架子好看又好用，公司好多久经沙场的老师傅都是他手下败将，所以，他也觉得自己业务水平至少也是行业前三，可以睥睨天下了。

在福州郊外的小酒馆，余人彦欺负岳灵珊，劳德诺作为岳灵珊的亲密战友能淡定地沉住气，而林平之作为旁观者却觉得他应该成为救世主。哪知道，在福威镖局里屡试不爽的套路招数，却扛不过业务能力仅三流水平的余人彦。他方才知道天外有天人外有人，自己一直是坐井观天。

很多年轻人师出名门，竞赛获奖证书一大摞，说起业务模式、新理论、新概念如数家珍，刚进入职场就觉得意气风发，无所不能。其实，这些都还是纸上谈兵，根本没有经过实践磨练，可信度不高。一个人充满自信当然不是坏事，但正确认识自己更重要，公司的老板同事虽然没有豪华履历，理论水平也未见得有多高，有时看上去还会经常做一些傻事。但是能存在的，必有合理之处，一个人初入职场不能像林平之那样迫不及待地教别人怎么做人，而是自己要多看、多学、多干、多团，提升才干，构建自己的人脉基本盘。

多看：除了看公司基本情况，最主要就是看人事关系。来职场是干事业的，事业需要人来干，对同一个问题，由于每个人所处岗位不同，层级不同，导致其从不同的维度思考，则产生不同的处理办法。但总体原则是首先对团队有利，再对自己也有利。碰到问题，老员工会仔细分析、权衡利弊，找出能平衡各方的办法。而林平之一出场，对基本情况、各方底细都不清楚，就要冒然出手，所以他碰了一鼻子灰，惹了大麻烦，也就不足为怪了。当事人之一劳德诺后来对他的评价是“这纨绔子弟什么也不懂，跟白痴也差不了什么”，可谓中肯准确。

多学：要好好学业务、学实操，严格按照公司规定和流程办事。有的做法看似琐碎无用，却是公司对初入职员工的考验和培养。国际房地产界顾问“五大行”之一的戴德梁行布置给初入职员工的第一课是分发和交换名片。不管你是什么学历，哪里毕业，什么关系进来，都需要通过分发和交换名片来结识各色人等，从而挖掘潜在客户。这既是公司对新员工耐心的考验，更是对他们观察协作能力的考察，这都是最基本的实操能力。培养接班人最好的方法，就是让他们到一线去，自己听一听枪炮的声

令狐冲：《笑傲江湖》里的人物。由华山派掌门岳不群抚养长大，传授武功，为华山派大弟子，后成为恒山派掌门。令狐冲生性放荡不羁，爽朗豁达，有高度的忠义心，天生侠义心肠，并且深情不移。他钟情青梅竹马的小师妹岳灵珊，后因缘际会结识并爱上了“老婆婆”任盈盈，二人几经生死患难，终成知心情侣。在重重纠葛和误会之下，小师妹岳灵珊丧命于林平之之手，师母宁中则自尽，这都让令狐冲悲痛不已。他最终与任盈盈结为夫妻，两人一起退隐江湖。

岳灵珊：《笑傲江湖》中人物，为华山派掌门岳不群和夫人宁中则的独女，与大师兄令狐冲青梅竹马，二人合创冲灵剑法。后来，岳灵珊与师弟林平之相恋，令狐冲伤心至极，但无可奈何。岳灵珊与林平之成婚后，林平之实际上

已经自宫，因此二人有名无实。林平之为复仇不顾其生死，但她仍选择留在林平之身边，照顾丈夫，并以妻子的责任感和怜悯心容忍他对自己的猜疑和嘲讽。林平之失明后，性格大变，在马车上坦诚自己已经自宫，并承认了娶岳灵珊实为自保。后来劳德诺出现，力邀林平之前往嵩山一同谋杀岳不群，并承诺林平之可成为掌门。而林平之不仅答应与嵩山派合作，还为了向左冷禅表忠心而杀害岳灵珊。可怜天性善良的岳灵珊，临死前仍请令狐冲代为照顾林平之。

音。可林平之从小到大都是在恭维奉承中自我陶醉，从来没到一线和其他对手进行过工作业务交流，最多在自己公司里的沙盘演练，而员工们为保住自己的饭碗，都是点到为止，虚假应付。所以按林平之轻狂的个性和做派，这种分发和交换名片的小事他估计是没有耐心去干的，更遑论未来的成长了。

多干：除了干好公司布置的规定任务，还要主动灵活地接受其他任务，比如代开会，代出差，帮订票，甚至帮点外卖，顶岗加班，等等。看似无益于业绩的提升，但是你能积累更多信息和人脉，乃至遇见机遇。开会开会，越开越会，干活干活，越干越活，就是这个道理。

乾隆年间，有个叫吴雄光的人在军机处当小秘书，他没有正式差位，只干些抄抄写写的杂事，按官场一般规律，他很难有出头之日。哪知有天晚上，大清王朝公司的CEO乾隆心里烦闷，一个人微服私访到军机处，办公室里其他人老早走了，吃饭喝酒赌钱泡吧撩妹去了，只有小吴还在那加班抄写文件。乾隆随口问了几个问题，由于小吴不认识皇帝老儿这个天底下最大的老板，所以他一点儿都不紧张，回答得怡然理顺。乾隆觉得这小伙子既能干又勤快，可以委以重任，第二天就提拔他担任军机大臣。小吴这可是坐了航天飞机，一飞冲天了。

多团：在职场工作中要注意多多发现和结识有

共同价值的朋友同事。职场中，竞争是常态，但结交朋友看心态，你如果仅仅把职场看做谋生的场所，处处防止别人高你一头、抢你的风光，而时时自我设防、自我封闭，那么最终你会成为孤家寡人，不利于今后更好的发展。阿里巴巴十八罗汉，大部分都是马云在中国黄页上结识相交的，因为志趣相投，大家筹资创立阿里巴巴线上平台。可以说，职场是我们一生中结识朋友最多的地方，相处时间长，时间跨度久，共同语言多。年轻人如果没有利用好职场这个平台，没有趁机构筑自己的一些人脉和资源，将来会留遗憾。

嘉靖年间，有个专做官服的裁缝，无论顾客高矮胖瘦，或是身材奇特，总能给对方做出一套非常合身的官服。一位御史知道后也去那做官服，裁缝先不量尺寸，而是问他官龄几何。御史不明就里，就问为什么。裁缝回答“如果大人初入官场，一定是志高气盛，身躯往后微仰，这样，衣服应做得前长后短才更合适。待任职稍久，经过一段时间磨炼后则会心态平稳，这样衣服前后就一般长短。而如果任职时间更长久的，且职位高了，外表则满是谦逊和气，身体微微前俯，衣服就要前短后长，这样才能合身”。这裁缝对官员心态和做派的观察真是细致入微，他看出了职场人士的一路成长磨练历程。当然，能穿前短后长官服的人，肯定是修炼成精，否则，这身官服老早就被他的老板剥去，也不用穿了。

初入职场别轻狂，这是职场第一课。

歪门邪道不能走

《葵花宝典》太害人

金庸人物注解

东方不败：《笑傲江湖》中的人物，为修炼《葵花宝典》不惜挥刀自宫，练就一身绝世武功，阴阳颠倒变得不男不女，号东方不败。他在任我行掌教期间任光明左使，后趁任我行练功走火入魔之际发动叛乱，囚禁任我行于西湖梅庄的地牢之中。他篡位成功后，宠幸小人杨莲亭，不理教务。最终，在与令狐冲、任我行等人的大战中，为救杨莲亭而分心，被令狐冲、任我行联手击中背上要害，最后被任我行杀死。

现如今，你若想上网搜索一些提升秘诀，各类《葵花宝典》扑面而来，什么《高考押题葵花宝典》职务破格提升《葵花宝典》，职场人际关系《葵花宝典》……好像搭上《葵花宝典》就能进入成功的快车道。那么，什么是《葵花宝典》呢？

《葵花宝典》出自《笑傲江湖》，是一本指导个人修炼特殊才能的小册子。它里面记述的修炼大法不走寻常路，开篇第一句话就是“欲练神功，必先自宫”。要修习这套大法的第一关，就是把修炼者变得男不男女不女，据说这本册子的作者就是一名太监。这真是比凤凰涅槃还痛苦的事。完成艰难的第一步之后，再根据下面程序一步一步打怪升级，从而修炼成功。

纵观《笑傲江湖》整个职场，也只有东方不败练成了《葵花宝典》。而这《葵花宝典》来自于原来日月神教公司的CEO任我行，他看穿了修炼《葵花宝典》终会害人害己，就故意把此修炼大法交给东方不败。不过，让任我行意想不到的是，正是凭着《葵花宝典》，东方不败练成神功，最后阴谋篡位，当上了日月神教公司的CEO。

可惜的是，辛苦练成《葵花宝典》神功之后，原来精明强干的东方不败像变了一个人，变得毫无上进心，公司业务全部交给男宠杨莲亭打理。短短时间公司业务一落千丈，在业界把名声都搞臭了。而东方不败本人则变得冷血无情，就连帮他打江山的老朋友童百熊，仅因一点小事得罪杨莲亭，他就痛下杀手，对其他公司员工更是变本加厉。所以，当原老板任我行带着向问天、令狐冲、任盈盈几个人来公司进行复辟活动时，很少人为东方不败站队。拥有强大《葵花宝典》神功的东方不败，最终还是失败了。

人生一世，草木一秋，每个人来到这个世上，都是为了追求和享受幸福生活的。简单来说，这幸福生活包括精神和物质的富足。一个人在职场获得成功，往往带来物质的回馈。当然，一些段位高的人，他们追求的更是自我价值的实现，对社会做出巨大贡献会让他们产生强大的幸福感。所以，他们会把职场作为实现人生价值的途径。

不可否认，在职场上，追求成功是可以另辟蹊径，可以实现弯道超车，可以适度包装……但不管选择何种途径，都不能违背人性走邪路，更不能突

任我行：《笑傲江湖》中的人物，日月神教教主。虽然自大狂妄、专横骄纵，却拥有媲美政治家的精明眼光与手腕。他在练习吸星大法时走火入魔，导致教主之位曾一度被东方不败夺去。虽然后来在令狐冲、向问天等人的助力下，他杀死东方不败，夺回了教主之位，但在战斗中被东方不败的绣花针击中一眼。任我行重夺教主之位后功力更胜从前，几无敌手，他一心统一江湖，意欲消灭少林派、武当派、五岳剑派等，令武林各派闻风丧胆。不过在华山大会师上，他却因年老体衰，晕眩而逝。

杨莲亭：《笑傲江湖》中的人物，心计叵测，下手狠毒。他本是日月神教中职位较低的小人物，由于身形魁梧，满脸虬髯，形貌极为雄健威武，颇有男子气概并

且魅力出众，使得不男不女的东方不败爱上了他，特此被提拔成了总管。杨莲亭假借其威名，肆意兴废大将，胡作非为，控制日月神教。不过他对东方不败的感情倒是真心实意的。

任盈盈：《笑傲江湖》中的人物，日月神教教主任我行的独生女，东方不败夺权后被尊为圣姑。她容貌绝色，如仙人白玉，又冰雪聪明，行事果决，颇有心计，且阴险毒辣。她还极擅音律，可一人琴箫分奏《笑傲江湖曲》。她御下时恩威并施，临敌处果断狠辣，聪慧沉静，颇显圣姑手段。她与令狐冲自传琴而致知音，由知己终成伴侣。金庸曾把任盈盈列为理想妻子类型之一。

破法律和道德的底线。每一个职场人士都要明白，道德和诚信是最宝贵的财富和资源，也是一个人的核心价值所在。

《葵花宝典》这套修炼大法虽然短时间内可以提升一个人的业务能力，让人脱胎换骨，在职场上纵横捭阖，但走的是邪路，违背了一个人全面发展的规律，也违背了初心。因此，这条路一定是走向毁灭的。

五代十国时期的南汉王朝，开国皇帝刘龑风流成性，后宫三千佳丽。他对有能力有才华的知识分子始终不认可，他认为这些个书生虽然满腹经纶出口成章，但他们从内心上都只会替自己的子女着想，而不会真心为老刘家效忠。而那些宦官无妻室无儿女，无牵无挂，可以一门心思干工作。于是，刘龑重用宦官。

到了南汉末代皇帝刘鋹继任 CEO 时，更是出了一条奇葩规定：凡是想追求进步，要在事业上有所成就为刘家王朝服务的，必须先要“挥刀自宫”。有人觉得这样的奇葩条件肯定没人报名。恰恰相反，很多人对这官位是趋之若鹜。《资治通鉴》记载“宦者近二万人。显贵用事之人，大抵皆宦者也”，要知这个小王国的总人口才 100 万，不惜代价追求成功的人真是如过江之鲫。为什么会有这么多人泯灭人性、残害自身？因为他们觉得可以享受占有资源，可以有颐指气使的权力和存在感，是人生获得最大成功的标志。

一般来讲，这种人身体残疾之后，往往也会产生心理疾病。自己不能享受人伦之乐，也就见不得别人享受生活，于是他们就要变着法子折磨人。所以那些宦官谋得高级职位后，经常干出一些让普通人难以理解的怪事、丑事，最后民怨沸腾。刘鋹因此就成了终结南汉的末代皇帝。

当今社会，资源配置市场化，可谓“天高任鸟飞，海阔凭鱼跃”，只要你能力强、点子多、敢于拼搏，就有机会脱颖而出，在事业上获得巨大成功。事业成功带来的物质享受和精神诱惑，对有的人来说，简直可以直教人生死相许，可以让人抛弃健康，抛弃亲情，甚至泯灭人性。虽然万一不谨慎，有可能这些黑料会被曝光，被舆论谴责，被法律制裁……一系列惩罚措施会让人身败名裂，但总有人飞蛾扑火。这些人会觉得被发现的概率极低，但回报实在太丰厚，一旦成功，金钱、财富、美女、名誉唾手可得。所以他们觉得虽然走歪门邪道获取成功，但自己做到了“爱拼才会赢”，就无愧于生命年华。

职场中，如果不好好走正道，只想走歪门邪道不劳而获，坑害他人，虽然这种人可能会一时得逞，然而善恶到头终有报，他最终将受到法律的制裁和道德的谴责。所以当有人向你传授职场的《葵花宝典》时，你可能要想想，这是不是一条损害身心健康、破坏美满家庭，违背道德人伦，让你变得六亲不认的邪路呢？如果是，那你就要坚决地、毫不犹豫地把《葵花宝典》弃之如敝履。

逆耳忠言不好说

包不同之死

金庸人物注解

慕容复：《天龙八部》中的人物，出身姑苏慕容世家，面如冠玉，风度翩翩，文武双全。他的祖先是五胡十六国时期进入中原、建立“燕国”的鲜卑慕容氏。作为没落的皇室贵胄，他被取名为“复”，时时提醒着他背负着复国称帝大业。慕容复以武功博学而著称于世，擅长反转劲力的“斗转星移”，号称“以彼之道，还施彼身”，令江湖中人无不忌惮三分。和丐帮帮主乔峰（萧峰）并称“北乔峰、南慕容”，成为江湖高手中的双子星座。后来，因复国行动

俗话说，良药苦口利于病，忠言逆耳利于行。这是我们许多人都明白的道理，可是，良药虽苦，许多人还明白是治病的；而忠言逆耳，却让许多人从根本上接受不了。

包不同是《天龙八部》中原慕容家族的四大得力干将之一，他这个人有几个特点：

一是忠诚，凡是对慕容家族公司有利的，包不同都赴汤蹈火，勇往直前；

二是机智，在化解了青城公司和秦家寨公司的纠纷之后，包不同及时赠送慕容家令旗，让他们都成为慕容家族公司的共同联盟。

三是善良，“非也非也”是包不同的口头禅，虽然他喜欢和人斗嘴，但很讲规矩道义，从来不会恃强凌弱。

而且，他还有满满的父爱。天不怕地不怕，他就怕五岁的女儿包不靓受委屈。一旦有人威胁他要对他的女儿下黑手，他立刻闭嘴，不敢再和对方斗嘴。

包不同和邓百川、公冶乾、风波恶，受前主人慕容博之托，忠心耿耿辅佐其子慕容复，要复兴灭亡许久的大燕王朝。但由于北宋初期，天下还算太平，百姓安居乐业，慕容家族公司的大燕复兴计划困难重重。

好不容易，慕容复终于等到了他认为的绝佳机会。

地处西南边陲的大理国段氏家族，因皇位继承权之争而兄弟反目，原头号继承人段延庆被扫地出门，流落江湖。可是，这家伙身残志坚，几十年如一日刻苦修炼，然后网罗党羽，结成天下四大恶人联盟，意欲抢回帝位。

段延庆等人设计逮到大理国的继承人段正淳，要段正淳把继承人的资格还给他。正在他们谈条件时，眼看段延庆胜券在握，潜伏在一旁的慕容复用药麻翻了段延庆。作为条件，他提出要求，让没有子女的段延庆收他为义子。他的如意算盘是，今后接了大理国的班，再以大理国为根据地，挺进中原，圆自己的大燕“皇帝梦”。

这时，站在旁边的包不同说话了：“公子爷是大燕国慕容氏后人，岂可改姓段氏？兴复燕国的大业虽然艰难，但咱们全力以赴，能成大事固然最好，如不成功，终究是堂堂正正慕容氏的好汉子……你只不过想学韩信，暂忍一时胯下之辱，以备他日飞

屡屡受挫，他心智失常，和侍婢阿碧共度余生。

段延庆：《天龙八部》中的人物，原为云南大理国太子，段誉生父，后因大理内乱，流亡在外。他受到多方追杀，最后身中数刀，虽保住了性命但面目全毁，双腿残废，仅能以腹语交流。后来，他强练家传武学，终于以残疾之身成为西夏一品堂的一等高手。武功大成后，他开始向当年追杀他的人展开疯狂报复，因手段残忍，得了“恶贯满盈”的绰号。后来他遇到了另三大恶人，并以其实力将那三人统至麾下，成为四大恶人之首。作为大理前太子的段延庆，一心想抢回帝位。

段正淳：《天龙八部》中的人物，身份为北宋大理国镇南王，深受保定帝器重。段正淳生性风流，惹下了不少风流债。然而他虽多情，却又痴情，最终为情而死，

是金庸笔下当之无愧的情种。他是段誉的养父，刀白凤的丈夫，又是秦红棉、甘宝宝、阮星竹、李青萝和康敏的情人，木婉清（秦红棉所生），钟灵（甘宝宝所生），阿朱、阿紫（阮星竹所生）与王语嫣（李青萝所生）的父亲，他自始至终都把段誉（刀白凤与段延庆所生）当做自己的亲生儿子。

黄腾达。你是想今日改姓段氏，日后掌到大权，再复姓慕容，甚至将大理国的国号改为大燕；又或发兵征宋伐辽，恢复大燕的旧疆故土。公子爷，你用心虽善，可是这么一来，却成了不忠、不孝、不仁、不义之徒，不免于心有愧，为举世所不齿。我说这皇帝嘛，不做也罢！”这话，各位听听，有问题吗？没问题，都是大实话，也确实都是肺腑之言。可是，慕容复听了却恼羞成怒，当场下狠手杀了包不同。

可怜包不同一生为慕容家族公司打拼，最终却落得了这样的下场，虽然令人唏嘘，但其实也有一定的缘由。

包不同这番话，其出发点是为了慕容复今后的事业发展，提醒慕容复要站在道义的制高点上谋划复兴，但他讲话的方式明显不对。

首先，包不同越位了。虽然慕容复平时和他称兄道弟，表现得很尊重，但本质上，包不同只是个打工的，他无权对公司的重大决策进行否定。碰到重大问题，压力最大的永远是老板。由于老板和员工地位的不对等，造成工作目标不对等、掌握资源不对等、接触信息不对等……所以，就工作实施的策略步骤、方法举措、达成结果等，老板和员工很难在认识上达成完全一致。

慕容复作为老板，既然在有外人的场合提出这样的方案，就等于公司已经做了决策，不存在己方人员再进行讨论的流程。这时，包不同冒冒失失发表自己的观点又算什么呢？而且，包不同还说“这样的皇帝不当也罢”的话，不仅是打了自己老板的脸，还等于扼杀了慕容复的伟大理想，让老板慕容复情何以堪啊。

其次，包不同讲话的场合不对。老板的尊严在任何时候都是不能冒犯的，老板的形象代表公司的形象。老板既是公司大政方针的决策者，又是公司良好形象的代言人。“北乔峰南慕容”，慕容复好不容易树立起来的好形象，被包不同的这番话揭去了面具，露出狰狞的真面目。当时慕容复正和段延庆谈条件，包不同的这番话，义正辞严地把慕容复的阴谋全盘托出，作为一个雄心勃勃干大事的老板，如何能容忍下属这样把他的天机当众泄露？而且，包不同讲话的语气就像是教训小孩子一样，等于把慕容复的底裤当众扒了献丑，这也难怪慕容复恼羞成怒了。

老板是团队的颜面，包不同擅自讲了一通他自己认为非常正确的话，可是时机、场合、语气都不对，既扫了老板的颜面，也污损了团队的形象，结果他逞一时之快，死得也就很快了。

造成包不同这样下场的原因是多方面的。

一方面，包不同入戏太深。作为前任老板信任的托孤者，包不同是看着慕容复长大的，他觉得自己的见识能力都要比现任老板高上一头，只要自己的出发点是好的，就应当知无不言、言无不尽，简直是把自己摆在了公司所有者的位置。

另一方面，慕容复过分注重自己的形象建设。因为要打造礼贤下士的光辉形象，慕容复表面上对这几个托孤干将很尊重，加上他性格隐忍谦和，所以平时对包不同等四大高管比较纵容，让他们做主空间太大。习惯成自然的包不同，就非常习惯地在那个重要时刻插嘴，针对老板的决定发表自己的高见，显示自己的忠心。

服从是一个员工基本的素质，服从也是一个团队政令畅通的保障，体现了团队和个人的执行力。只要是老板和上级敲定的工作，下级必须无条件执行，就不能再去评价方案的合理性和可操作性，或者阳奉阴违，搞些无厘头的小动作。

正如三国时期的聪明人杨修，一生聪明，却最终也被聪明误。他听到曹操军令是“鸡肋”，就自己下定义“鸡肋，食之无味，弃之可惜，老板要放弃”。果不其然说准了曹操的心思，但杨修料事如神就料不到死神，曹操本来就对杨修插手曹家接班人之争的事很恼火，这次杨修倒好，瞌睡递枕头，曹操立刻以涣散军心的名义宰了杨修。老板的决定下属只能执行，杨修这种无厘头的做法虽然没有明面上顶撞，但背后调侃领导，突出自己，被老板踢出局，也是自作自受。

当然老板也不可能永远光明正确，如果碰到老板决策有明显失误的时候怎么办?

英明神武的汉武帝晚年耗费巨资寻求长生不老，下面员工明明觉得汉武帝的行为是劳民伤财的，但大家都明哲保身，不敢说破。

有一天，汉武帝和东方朔闲聊。他说，只要经过有效修炼，就可以长生不老。明显的标志是，人中长一寸，就可以多活一百年。东方朔当场笑开了花，汉武帝很生气，责问他怎么不尊重老板?东方朔说自己不是不尊重老板，而是想到了彭祖的形象觉得好笑。彭祖活了八百年，人中不少于八寸，这张脸比驴脸还长，不是太好玩了吗?汉武帝听后也大笑，方才醒悟自己寻求长生不老的荒唐。

好话人人爱听，尽管每个老板表面上都是虚怀若谷、海纳百川，敢于批评和自我批评的，但其实内心总觉得自己无比正确，很难听得进不同意见。特别是一些获得某些小成功的老板，更是觉得自己超凡入圣，如果听到刺耳的真话，可能就会无比厌烦。因此，你提出合理化的建议，却可能适得其反。毕竟这苦口的良药让人难以下咽，往往达不到治病的目的。所以，人们才研制出糖衣药片、胶囊药，使“苦口”变“甜口”，让病者满意咽下，自然可以达到治病的目的。同理，在职场中，人们更喜欢听肯定和鼓励的话，所以，我们要把过了白的刻板道理，在适当的场合，通过恰当的方式，融入浅显易懂的事例，让忠言不再逆耳，这样对事业、对团队、对个人都有利。天底下还有什么比皆大欢喜更好的结局呢？

成名早不一定结局好

宋青书的凄惨结局

> **金庸人物注解**
>
> **宋青书**：《倚天屠龙记》中的人物，武当第三代弟子中的佼佼者，虽文武双全出类拔萃，为人素来端方重义，但遇到情字一关竟方寸大乱。他因迷恋峨嵋派弟子周芷若，认为张无忌不如自己；他受丐帮长老陈友谅唆使，加入丐帮，被逼向武当掌门张三丰下毒，但未真正付诸行动。后来，他逃离丐帮，投靠峨嵋派周芷若，习得武学秘籍——九阴白骨爪。屠狮大会上，他被俞莲舟震碎头骨，获张无忌施救延命。回到武当后，他被张

宋青书是武当公司第三代中的佼佼者，他的父亲宋远桥是武当开创者张三丰明确指定的继承人。由于张三丰年事已高，平时公司内部管理等一些日常性的事务，都已经交给宋远桥处理，甚至连开坛讲学的重要工作也是宋远桥主持。

武当公司是一家前途大好的创新型公司，虽然成立只有六七十年，却在职场江湖上闯出了大名号，实力和口碑都已赶超老字号——少林寺公司。武当公司威名远播，受到业界膜拜，虹吸了大量的资源和流量。在这样的环境下，作为武当实际掌权人宋远桥的宝贝儿子宋青书，自然也受到了各方的关注。

不过，宋青书也很给他父亲和武当公司长脸。一是长得帅，在职场江湖中有“玉面孟尝”的美名，“俊美之中带着三分轩昂气度，令人一见之下，自然心折”，峨眉公司的小女生一看见他，小心脏就会打起鼓来。

二是宋青书的业务能力不错，作为武当第三代弟子，他年纪轻轻，单挑一些小公司小门派的负责人都不在话下。

更重要的是，宋青书的布局谋划能力强。在听他讲了联合作战布局方案后，峨眉公司的相关负责人就把指挥权交给了他，连他的师叔殷梨亭也听从他的安排和调度。峨眉公司的 CEO 灭绝师太看在眼里，内心不禁感慨："看来第三代武当掌门将由这位宋少侠接任。"

宋青书凭借自己的能力和才华年少成名，在职场江湖树立了良好的口碑和形象。如果不出意外，他今后就会执掌江湖首屈一指的武当公司，他的事业前景一片光明。

可宋青书的职场生涯就偏偏出了意外，一步一步走向自我毁灭。

这意外是宋青书喜欢上了峨眉公司的周芷若。本来嘛，窈窕淑女君子好逑，青年男女互相爱慕也很正常，可偏偏宋青书要去峨眉公司搞偷窥这样下作的事，不巧又被他的小师叔莫声谷发现了。做了错事被发现，及时承认改正也还好，可宋青书觉得会影响自己的美名，索性一不做二不休，在丐帮公司陈友谅的帮助下，他亲手杀害了小师叔莫声谷。屠戮长辈可是件大逆不道的丑事，宋青书恳求陈友谅帮忙掩盖这件事。这下，授人以柄的宋青

三丰一掌击毙。

张三丰：《神雕侠侣》与《倚天屠龙记》中的人物，本名张君宝，《倚天屠龙记》中的第一高手、武林中泰山北斗、当世一代宗师。他天赋异禀、正气凛然，宽和从容，是当世武学奇才。他开创武当派，自创太极拳、太极剑，将武当派发扬光大，其门下七位徒弟有"武当七侠"之称。

灭绝师太：《倚天屠龙记》中的人物，峨嵋派第三代掌门，郭襄的徒孙。她武功高强，手执倚天剑在光明顶斩杀明教教徒。她一心想要完成师祖郭襄的遗愿以及为同门报仇，因此正邪不两立，出手极狠，对违背她意愿的弟子亦不留情。光明顶一战后，六大门派中了蒙古人的"十香软筋散"之毒，被囚禁于万安寺高塔。在万安寺高塔上，她将峨嵋派掌门之位传予女

弟子周芷若，并将峨嵋派历代相传的倚天剑与屠龙刀的秘密告知周芷若。灭绝师太抱周芷若跳下万安寺百尺高塔，自己死于万安寺塔下。周芷若和峨嵋派众人将灭绝师太的尸身火化。

周芷若：《倚天屠龙记》中的人物。峨嵋派第四代掌门人，出尘如仙，武学天资卓绝。周芷若幼时，父亲周子旺遭元兵杀害，遇张三丰相救，与少年张无忌在汉水舟中邂逅，并对张无忌有喂饭之恩，后被送至峨嵋派。她成年之后与张无忌重逢，互生爱慕并立有婚约。为完成师父灭绝师太的遗命“光复汉家河山，光大峨嵋”，她取倚天剑、屠龙刀，杀害张无忌的表妹殷离（实际未死）并嫁祸于赵敏。张无忌、周芷若二人成婚之际，赵敏以谢逊毛发威胁张无忌，使得婚礼生变，周芷若遂与张无忌决裂，回到峨嵋专心

书立马成了陈友谅的牵线木偶。陈友谅命令他下药除掉张三丰等人，再改组武当公司，他竟然也应允了。

作为武当公司的继承人，却背叛了自家公司，宋青书职场的路也算是走到了头。最后他被张三丰亲手处决，还害得他父亲宋远桥被免除职务。宋青书有着梦幻般的开局，却落了个凄惨结局，虽然是由于他自作自受，但这么一个才华出众的人才就这么早早落幕了，不禁令人扼腕叹息。

年少成名不是坏事，很多职场人士对年少成名梦寐以求，一旦如愿，鲜花、赞誉、粉丝、流量蜂拥而至。如果运作得当，年少成名的人很可能成为职场的常青树，一辈子有鲜花和点赞相伴。但年少成名也可能是职场的一道坎儿，很多人就迈不过这道坎儿而折戟沉沙。

年少成名的优秀人才曝光率高，受到各方的关注度就高。一些对人才求贤若渴的大公司就会伸出橄榄枝，千方百计要把这些人才挖回公司。若青年才俊能有所作为，则是双方获益。

2001 年，一篇《赤兔之死》的高考作文横空出世，其大胆的布局和文风，让评卷老师出现不同争论，最后大家还是比较一致地给了满分。该文的作者蒋昕捷一夜成名，最后被南京师范大学破格录取。毕业后，他的才华也得到充分发挥。他曾入职天猫，

就职新零售工程部资深专家，后入职银泰商业，真正做到了才尽其用。

另外，年少成名的优秀人才也容易受到别有用心之徒的围猎，一旦不慎，就会坠入深渊。像宋青书也曾被陈友谅唆使做坏事，最后结局凄惨。陈友谅这样心思缜密的恶人，职场江湖之中还是蛮多的。若你的表现优异，一不小心，可能就会中招。

年少成名的优秀人才美誉度高，出镜机会多，过早、过多地享受到方方面面的吹捧，容易滋生自高自大的傲慢心态，总觉得自己已经超凡入圣，眼里就看不到别人的好。一旦不遂自己心意，轻则当众发飙，重则就要把对方打击摧毁。宋青书看到周芷若对张无忌青眼有加，就觉得张无忌抢了他的风头，要用武当公司的大杀器“绵掌”除掉张无忌。可张无忌的父亲张翠山好歹也是张三丰的七大弟子之一，若排起辈分来，张无忌还是宋青书的小师弟。对自家人不分青红皂白下狠手，他真是丧心病狂。究其原因，还是与宋青书年少成名，缺少失败挫折经历有关。

胤礽是康熙皇帝的二儿子，他的母亲赫舍里氏是康熙第一任皇后。赫舍里氏危难时刻和康熙一起翦除鳌拜，两人可谓患难夫妻。由于赫舍里氏英年早逝，爱屋及乌的康熙就把两岁的胤礽立为太子，作为接班人来好好培养。待胤礽年岁稍

习武，一心完成师父遗愿光大峨嵋。屠狮大会上，张无忌念情相让，周芷若以九阴真经上的武功赢得“武功天下第一”的称号。初时的她秀若芝兰、温婉斯文，后期的她清逸如仙、冰雪出尘之姿中带有威严仪态，气震数千豪杰。

张无忌：《倚天屠龙记》的人物，中土明教第三十四代教主，武当七侠之一张翠山与天鹰教紫微堂主殷素素之子，明教四大护教法王之一金毛狮王谢逊的义子。他出生在冰火岛，过着原始生活，踏足中土后失去双亲，还中了玄冥神掌寒毒而命危，后在蝴蝶谷带病习医，义送孤儿至西域，在昆仑仙谷绝处逢生。他忍受寒毒煎熬七年，福缘际会，融合九阳神功、乾坤大挪移、太极拳（及太极剑）和圣火令神功四大盖世武功为一体，当世无敌。此外他还精研医术和毒术，术绝尘

寰。张无忌为人仁侠仗义，一生救人无数，常制服敌人而不杀害，曾一人决战数个顶尖高手。他决战光明顶，孤身大战武当、少林、峨嵋、昆仑、崆峒、华山六大门派高手，一战成名于天下，于弱冠之年担任明教教主，使百万教众倾心归附，统一明教。张无忌对六大门派以德报怨，他与明教下属兄弟般的感情，与张三丰师祖孙的孺慕之情、与谢逊的亲情，展示了各种情义故事。他先后邂逅了周芷若、殷离、小昭、赵敏等红颜，发展出一段段欲断难断的爱情故事。最终，张无忌把称帝机会让给属下朱元璋，携赵敏退隐江湖。

赵敏：本名敏敏·特穆尔，《倚天屠龙记》中的人物，汝阳王察罕特穆尔之女，封号绍敏郡主。她生为女儿身，曾期许自己能创一番大事业，奉命剿灭反

长，康熙就把部分政务工作交给他处理，以便让他更快进入角色。可以说，胤礽初期表现还是不错的。

但是，正是因为胤礽步入政治舞台太早，他的一些兄弟对他很不服气，觉得自己也是皇家的血统，为什么没有资格当太子呢？而且，胤礽各方面也并不出类拔萃，康熙为什么不好中选优呢？所以，这些皇子们经常暗中给胤礽下绊子、抹黑胤礽在康熙心目中的形象，一旦对他有不利的事情，总是会第一时间传到康熙那里。

另一方面，胤礽被确定为接班人后，职场上很多想做长线投资的高层员工自然而然会和他套近乎、拉关系，慢慢地在大清王朝决策层中形成了太子党。而这些太子党良莠不齐，有的还居心叵测，背地里讲讲康熙的坏话。康熙的情报系统把这些是是非非报告给康熙，胤礽不免会受到一些牵连。日子长了，康熙也就对胤礽产生了戒备心理。

再加上，胤礽当了四十多年的太子，看似风光，但毕竟这个“千年老二”有时还不能完全做主，所以他内心强烈希望早日接班。有一天，他竟然咕哝了一句“古今天下，岂有四十年太子乎”，被别人一演绎，就成了诅咒康熙早死的话。他说了这样大逆不道的话，接班人的位子自然被康熙撤掉

了。而低调务实、沉稳干练的胤禛成了最后的胜利者。

一个人年少成名，很多是靠运气成分。如果他觉得自己因此可以睥睨天下，不用再沉下心丰富内涵、提升段位，那么，这一路上的沟沟坎坎最终会让他跌得很惨。

贼，下毒囚禁六大门派于万安寺。自从绿柳山庄事件后，对敌军首领张无忌一往情深。她敢爱敢恨、追求爱情勇往直前，并不像传统女子忸怩作态，于荒岛之上被周芷若嫁祸（杀张无忌表妹殷离，偷取屠龙刀、倚天剑），濠州婚礼上以谢逊毛发带走张无忌，此后放弃荣华富贵和郡主的身份，为爱追随张无忌。最后，张无忌辞去明教教主之位，与赵敏退隐江湖。

做人太狂妄 打脸会很惨

卢一峰的自作自受

金庸人物注解

卢一峰：《鹿鼎记》中的人物，云南剑川人，花钱买了曲靖知县的官位。他做人高调，到处吹捧自己，却处处被人打脸。

白寒松、白寒枫：《鹿鼎记》中的人物，是云南沐王府中的二流角色，在和天地会徐天川的冲突中，白寒松被徐天川失手打死了。

徐天川：《鹿鼎记》中的人物，隶属天地会青木堂，是陈近南及韦小宝的下属。他的外号是“八臂猿猴”，武功以灵活轻捷为主，平时喜

卢一峰是《鹿鼎记》里的小角色，总共也没几次出场，可是他每次出场都被人狠狠打脸，而且一次比一次惨，没有其他原因，只因为他的高调狂妄。

卢一峰是云南剑川人，他东拼西凑，下血本用了四万两银子向吴三桂买了个曲靖知县。按照当时的规定，他必须到北京拜见大清王朝公司的CEO康熙，于是他来到了帝都。

在帝都天桥的一家酒馆里，卢一峰碰到了云南老乡白寒松、白寒枫兄弟俩，便交谈起来。卢一峰刚当官，自我感觉良好，就连在酒馆里喝酒，他也穿着一身官服。只见他趾高气扬，和白家兄弟吹牛胡扯。不巧，旁边坐着天地会公司的徐天川，本来就对这种胡吹乱扯的做派看不惯，他就怼了卢一峰几句。如果此刻卢一峰低调一点，明白自己只是个不大不小的官，而且身在异乡，连对方背景底细都不清楚，不能乱说话，若肯放下架子接受批评，再不济说句客套话，这件事也就过去了。哪知，卢一峰

非要把徐天川这个刁民拷起来不可。但由于人手不够，卢一峰反被徐天川狠狠作弄了一番。

卢一峰如果认真吸取这一次教训，后来也就不会再吃亏了。可他心中忿忿不平要找机会报复徐天川。后来，他终于找到了个机会，把徐天川逮住，狠狠地修理了一回，总算出了一口闷气。但他哪里知道自己这次碰到了大钉子。他怎么也没想到 CEO 康熙跟前的红人韦小宝，还暗中兼任天地会公司高管！这个韦小宝不简单，他可是连卢一峰的衣食父母——吴三桂父子都要和他拉关系的。这下后果就很严重了，韦小宝打着官腔问吴应熊："皇上叫我问你，那卢一峰前几天在酒楼上欺压良民，纵容恶仆打人，不知这脾气近来改好了没有？"这话吓得吴应熊当即叫人把卢一峰双腿打断，不但不让医生医治，还让人抬着游街示众，竭力向韦小宝表明自己的执行力。堂堂的知县大人，落到这样的地步，不知卢一峰在心里有没有心疼自己白花花的银子，后悔自己当初的狂妄呢？

卢一峰被打脸，是因为他的狂妄无知。在职场上，总有些人喜欢和卢一峰一样高调摆谱，到处显摆自己的重要性，然后听着各种各样的奉承而洋洋自得，满足自己的虚荣心。这样的人，注定不会走得太远。

《三国演义》里的关羽，才华出众，曹操对他

欢扮作卖"清毒复明膏药"的郎中，在天地会众人中表现较为活跃。

韦小宝：《鹿鼎记》中的人物。本是扬州人，一次偶然事件，韦小宝被江洋大盗茅十八带到北京，偶入皇宫，结识了康熙帝。他擒鳌拜；又入天地会，拜天地会总舵主陈近南为师；他解救顺治帝，深得康熙信任。后来他身为赐婚使出使云南，平神龙岛，帮助苏菲亚公主夺权。后因其天地会香主的身份被康熙帝发现出逃，在通吃岛度过了几年，最终归隐。

吴应熊：《鹿鼎记》中的人物，吴三桂的儿子。康熙为了稳住吴三桂，把自己妹妹建宁公主许配给吴应熊，让韦小宝当赐婚史，护送建宁公主到云南成婚。结婚后，吴应熊被康熙当作人质，软禁在北京。吴三桂起兵造反后，吴应熊被康熙处死。

十分欣赏，想要把他留在身边担任高级助理。可关羽义气为重，推却曹操丰厚的报酬，千里走单骑，过五关斩六将，一定要回到老东家刘备身边。要知道当时的刘备还居无定所，寄人篱下呢。后来他们一起通过火烧赤壁、水淹七军、进军西川等一系列运作，取得了重大胜利。关羽在团队里可以说功高盖世，是当时的头号流量明星。但功劳大了，他却不可一世了。听说老将黄忠和他一起位列五虎将，他就很不高兴，大发牢骚，就连总参谋长诸葛亮对他也只能尽量顺从，哄着他开心。

听说关羽有个女儿，孙权就上门为自己的儿子求亲。哪知关羽非常傲慢地说“虎女焉能嫁犬子”，把孙权这张老脸弄得没地方搁。要知道孙家经营江东多年，孙权可比关羽的东家刘备还牛呢。而且，曹操还客观地评价过孙权“生子当如孙仲谋”，关羽有什么资本说孙权是“犬”呢？被关羽侮辱的孙权咽不下这口气，安排吕蒙白衣渡江，狠狠收拾了关羽，逼得他败走麦城。最后关羽在麦城到处求救，他的同事们却见死不救，眼看着高调狂妄的关羽被孙权团队除掉。可怜义薄云天、能力出众的关老爷，就这么被他自己的高调狂妄给葬送了性命。

一个人太狂妄，他的缺点就容易被人看穿。到处摆谱，则会无意间透露他的谋划布局、经营战略、政商关系等信息，把自己放到了明处。而竞争对手则在暗处，他们就会收集各类信息，认真分析比对，找出漏洞，在适当时机给狂妄者致命一击。如果可以复盘，狂妄自大的人就会知道自己失败的原因了。假如卢一峰事先知道徐天川的背景，又知道韦小宝可以在天地会公司和大清王朝公司的高管位置上来回客串，他还会那么高调狂妄地对待徐天川吗？当然，这些秘密没有人会事先知道，但如果卢一峰一开始就保持低调谨慎的态度，估计也不会被打脸这么惨。

大清王朝公司 CEO 咸丰去世以后，根据他生前的指定，由肃顺等八位高管和东西太后一起处理公司业务。由于肃顺能力强，套路熟悉，办事干练，加上东西太后不能过多抛头露面，所以，整个运作权力牢牢地掌握在肃顺一伙的手中。东西太后也只能面上对肃顺一伙和和气气，私下摸查肃顺一伙的底细，争取做分化工作，另外还寻求咸丰弟弟“鬼子六”奕䜣的支持。而肃顺一伙掌了权，就迫不及待开展公司内部的治理整顿，得罪了一批人。加上肃顺性格高调强势，根本看不起东西太后，觉得她们头发长见识短，没有派人好好看住她们。结果，东西太后和“鬼子六”奕䜣合作，发动辛酉政变，一起除掉了肃顺一伙，大清王朝从此被慈禧太后垂帘听政四十多年。

肃顺的失败，在于他觉得有了咸丰的委托，就是有了掌握权力的合法性，从而狂妄起来。他哪里知道，他一旦成了东西太后的阶下囚，咸丰这个死人怎么可能再说话呢？

身在职场，一时的高调可能会带来虚荣心短时间内的满足，从长远来看却埋下了祸根，一旦这个祸根被对手利用、引发，就可能让当事人身败名裂、功败垂成。而低调处事，则会让一个人不显山露水，可以有时间默默耕耘，悄悄地积蓄力量。待有朝一日，厚积薄发，创造辉煌。当然，取得成功后，我们也还要谨记处处保持低调。

机深祸也深

岳不群的秘密武器不管用

> **金庸人物注解**
>
> **木高峰**：《笑傲江湖》中的人物，人称"塞北明驼"，由于他想夺取《辟邪剑谱》，将林平之父母杀害，最后木高峰也被林平之所杀。
>
> **刘正风**：《笑傲江湖》中的人物。衡山派，酷爱音律，擅长吹箫，与曲洋合奏《笑傲江湖》之曲。他本欲金盆洗手，投身仕途，不再过问江湖世事，但却遭到左冷禅的极力反对，最后被丁勉、陆柏掌力震伤，与曲洋自绝经脉而死。
>
> **左冷禅**：《笑傲江湖》中的人物，嵩山派掌

《笑傲江湖》开篇，岳不群是以正面光辉的形象出现。比如，他千方百计做局，要收林平之于门下，他把林平之从恶人木高峰手下救出，终于让林平之仰慕他的风采要拜他为师，岳不群却提出，让林平之要征得父母亲同意方可收徒。岳不群率团队参加刘正风退休仪式时，他非常客气地和各个公司山头门派说笑打招呼，嘘寒问暖，丝毫没有大公司老大的做派，当场吸粉无数。他劝刘正风和日月神教断绝关系，讲得那叫一个义正词严、人情味满满，当场赢得众人喝彩。乍一看，他的外号“君子剑”倒也名副其实。

作为华山公司的老大，岳不群严格执行华山公司的规章制度，令狐冲犯了小错误，他会当众严厉批评教育……总之，华山公司被他治理得井井有条。福威镖局林震南为了开发业务到处送礼，但就是不敢送到华山公司，因为他觉得像岳不群这么形象高大的偶像级人物，他不配结交，后来听说儿子林平

之已被岳不群收为门徒，他当场喜极而泣。

在左冷禅提出要对嵩山、衡山、华山、泰山、恒山五个公司进行合并重组时，岳不群担心重组后他的职位会降低，所以他需要寻找秘密武器来争取一把手的位子。按理说，他这么追求上进也是好的，但坏就坏在他的做法。

他得知福威镖局有套《辟邪剑谱》，可以在短时间内提高个人能力，他就谋划要拿过来学习学习。但《辟邪剑谱》名气实在太大，奇货可居，很多江湖门派都虎视眈眈。在争夺战中，岳不群看似碰巧出现，实则暗中窥探。他在关键时刻救了福威镖局二代接班人林平之，又凭着个人魅力吸引林平之拜他为师，有机会听到了林震南的临终遗言，最终拿到《辟邪剑谱》。

岳不群暗中修炼《辟邪剑谱》，个人能力迅速提升，并在左冷禅主持的五岳公司重组大会上大放异彩，当仁不让地担任了五岳公司的CEO。只叹左冷禅辛辛苦苦多年布局谋划，都为岳不群做了嫁衣裳。

为了这个位置，岳不群示弱、监视、谋杀，还上演无间道，骗过了大多数人的眼睛。

明知二徒弟劳德诺是嵩山公司左冷禅的学生，所谓带艺投师，实际上是过来搞间谍活动的，岳不群却能不动声色地和劳德诺玩起了无间道。他把自

门，五岳剑派盟主。虽然他自称武林正道，但其人及其门派弟子所作所为与禽兽无异，实为武林同道所不齿。他武功高强，颇有城府，机关算尽设计五岳并派，却为岳不群做了嫁衣裳，后在华山思过崖死于令狐冲之手。

劳德诺：《笑傲江湖》中的人物。劳德诺原乃嵩山派弟子，受左冷禅指使带艺求师，拜入华山派岳不群门下，为令狐冲后的第二名弟子。劳德诺处心积虑，在六师弟陆大有被点穴的情况下，将其杀害，偷取《紫霞秘籍》，后又盗得岳不群伪造的《辟邪剑谱》，最终引火上身。他因修练“辟邪”武功不得章法，竟将全身武功尽数废去。因被他杀害的六师弟陆大有平生爱猴，令狐冲的妻子任盈盈便将两只大马猴拴在劳德诺的左右手上，使其生不如死。

己得到的《辟邪剑谱》进行了修改，搞得似是而非，还故意让劳德诺得到假《辟邪剑谱》，引导左冷禅走上弯路。后来，在五岳并派仪式上，岳不群和左冷禅对决，一击而中，让左冷禅双目失明。

岳不群已经掌握了《辟邪剑谱》，他的业务能力也突飞猛进，可是他却在和令狐冲打斗时，故意把自己的脚弄断，骗过现场所有观众，甚至连当事人令狐冲也不明所以。因为左冷禅正在边上虎视眈眈地盯着他，所以岳不群必须装成不堪一击的样子。

岳不群修练了《辟邪剑谱》后，总担心林平之也会修炼这套大法，就安排林平之娶了自己的女儿岳灵珊，平时经常向女儿嘘寒问暖，以解林平之动态。不过，这次他的担心是对的，他被伪君子林平之骗了，当然这是后话。

因为担心林平之也偷偷修习《辟邪剑谱》，岳不群连所谓的亲戚情面也不顾，要暗杀他。终于有一天他暗中砍了女婿林平之一剑，遗憾的是被林平之及时装死逃了过去。因担心恒山公司负责人在五岳重组的重大问题上对他有不利影响，岳不群在嵩山公司明火执仗屠杀恒山团队时，趁机暗杀了恒山负责人，并嫁祸给嵩山公司。

岳不群这些行为都是为了追求个人事业的成功。在他眼里，任何人都可以利用或杀戮。他为了修习《辟邪剑谱》，付出了很多努力和心血。因为《辟邪剑谱》第一步就要求修炼者进行外科大手术，拆卸代表身份标志的重要部件，一旦出了点意外，连小命都玩完。所以，林远图就叮嘱自己的后代不能修炼。但岳不群钢牙一咬，还是练了此功。单就这一点来讲，为了追求成功，岳不群是全身心付出了自己，他的精神和毅力可谓坚忍。

岳不群以为掌握了《辟邪剑谱》这个秘密武器便可以天下无敌，

可是他的做法违背了职场道义规则。最终会受到整个社会、各个团体的追究和清算，人人得而诛之。嵩山公司虽然被兼并了，但左冷禅感到自己中了岳不群的阴谋，他始终不服，继续拉小团体对抗岳不群；日月神教公司感到岳不群势力大增会对他们有威胁，要未雨绸缪消灭他；少林、武当这些大公司更是抱团，把岳不群的卑劣做法大白于天下，让他众叛亲离。岳不群的光辉形象。当他被追杀时，没有人为他说一句公道话。岳不群的秘密武器再强，他也不能把所有人都消灭。

身在职场，也许有人逢场作戏、虚与委蛇，也许有人并驱争先、优胜劣汰。但不能只顾自己的利益，违反职场的道义规则和社会人伦，处处对别人算计。一个人能和你成为同事或者竞争对手，他的智力水平、能力水平和你差距不会太大。你心机太深把别人当傻子，可能偶尔会获利几次，但等大家清醒过来，知道了你卑劣的做法，最终你会成为孤家寡人。得道多助，失道寡助，当你成为大家唾弃的对象时，结局就是失败。

仰望星空还要脚踏实地

慕容复幻想的破灭

金庸人物注解

邓百川:《天龙八部》中的人物，系慕容氏手下四大家将（邓百川、公冶乾、包不同、风波恶）之首，青云庄庄主，专长内功。后慕容复杀包不同，邓百川等其余三人遂与慕容家决裂。他的招牌武功为石破天惊。

公冶乾:《天龙八部》中的人物，姑苏慕容复手下四大家将之一。赤霞庄庄主，号称掌法“江南第二”（第一自然是慕容公子）。后慕容复杀包不同，公冶乾等其余三人和慕容家决裂。

慕容复出身姑苏慕容世家，祖先是五胡十六国时期进入中原大地建立燕国的鲜卑慕容氏。作为没落的皇室贵胄，他仍觉得自己家族血统高贵，做梦都想恢复往日大燕时代君临天下、一呼百应的风光和荣耀，慕容复的“复”就是家族对他的期许。

小时候，他受到了良好的教育，长大以后更是才高八斗、武艺超群。步入职场，他处事低调，办事干练，业界好评如潮，“以彼之道、还彼之身”是他的拿手好戏。他和当时规模庞大的丐帮集团公司老大乔峰（萧峰）并称“南慕容、北乔峰”，也充分说明了他的能力和才华。

扛着家族伟大复兴的重任，慕容复带着四大得力干将邓百川、公冶乾、包不同、风波恶四处奔波寻求机会，可谓是夙兴夜寐、悠悠万事唯此为大。本来慕容复年近三十，有这么好的外貌和内涵，愿意为他红袖添香的美女、才女向来不少。更还有和他从小青梅竹马的表妹王语嫣。他的表妹让大理国镇南王储段誉魂牵梦绕，也是他的铁粉，曾多次明里暗里向他表白。可为了家族，慕容复宁可忍痛割爱拒绝王语嫣，也要揭榜文参加西夏银川公主的公开征婚。

慕容复做出了这么大的牺牲，可最终却功败垂成，后来更是神经错乱，令人扼腕叹息。问题究竟出在哪里？主要是因为他的职业规划严重背离社会实际情况，缺乏让他落地实施的土壤。就好比硬要让漫漫沙漠在短时间内变成千里沃野，这怎么可能一下子做得到呢？

想恢复大燕的风光，就意味着改朝换代，有两种模式容易成功：一种是在吏治腐败、土地兼并、民不聊生的情况下，揭竿而起，像刘邦、刘秀一样九死一生夺得天下；还有一种是进入皇权系统内好好打工，步步为营，先争取谋得重要岗位，尔后韬光养晦，全面布局培养自己的势力，最后逼着原老板让位，像曹丕、赵匡胤那样先做权臣再黄袍加身。

先说第一种模式，自己拉山头成立公司造反的可能性。

慕容复生活的时代，天下是由西夏、吐蕃、契丹、大理等几家公司和大宋一起主导，姑苏慕容是大宋辖区的小财主。大宋的第一任 CEO 赵匡胤，积极澄清吏治，劝奖农桑，整个社会经济相对平稳发展，后来几位 CEO 也是励精图治，政治经济政策相

包不同：《天龙八部》中的人物，姑苏慕容氏麾下四大家将之一，排行第三，又称包三先生。他生平决不认错，明知自己错了，一张嘴也要死撑到底。但为人豪爽，直言不讳，最后因点破慕容复丑恶行径时被杀害。他最宠他的女儿包不靓。

风波恶：《天龙八部》中的人物，姑苏慕容氏麾下四大家将之一，排行第四，喜好打架。在包不同被慕容复杀害后，风波恶失望至极，与邓百川、公冶乾一同和慕容复决裂。

段誉：《天龙八部》中的人物，大理国镇南王段正淳的儿子（实为段延庆和刀白凤所生）。他博学多才，英俊善良，但又迂腐固执，厌恶杀戮争斗。在无量山上他先后遇上钟灵、木婉清，嬉笑怒骂间于两人心中播下情种。因不小心闯入无量山的“琅环

福地”中，他从一尊玉像处习得“凌波微步”和“北冥神功”。他一直暗恋女神王语嫣。

王语嫣：《天龙八部》中的人物，段正淳与李青萝的女儿，无崖子与李秋水的外孙女。她的外貌和段誉朝思暮想的石洞仙子极其相似，自小与母亲生长在曼陀山庄内，与表哥慕容复青梅竹马，为他熟读天下各门各派武功秘笈，能看破几乎所有的武功招式，是一位高深的武学理论家。在连载版和修订版中，王语嫣和段誉情定三生，最后同回大理。而在新修版中，则改为王语嫣在知道自己身世后，误以为自己是段誉同父所生的亲妹，不能和段誉结合，她回到慕容复身边，和阿碧一同照顾发疯的慕容复。

对宽松，除了积极发展边境贸易，也推动海外贸易。瓷器、茶叶、药材等大受市场欢迎，不仅给这几大公司带来财政收入，更是推动了农业和手工业的发展与繁荣。当时的首都汴梁更是全球唯一一个人口超百万的城市，《清明上河图》正是这社会繁华景象的写照。百姓生活安康，朝廷财大气粗。大宋和契丹打了一仗，在有利的条件下，也签定了《澶渊之盟》，花点小钱保证了边疆两百年的太平。大宋公司还采取募兵制，欢迎失业人员和无业游民去当兵，即使不打仗，国家也花钱养着。慕容复在这样的情况下想造反，去哪里找人组建队伍呢？大家都是老婆孩子热炕头，有情调的还可以吟诗作赋，再不济，也可以在军队吃皇粮，旱涝保收。造反是要割脑袋的，成本太高，收益几乎看不到。所以，第一种模式根本不可行。

再说第二种模式，进入皇权系统内打工争取改组老板公司的可能性。

由于赵匡胤是打工仔出身，这些改组公司的套路和把戏，他全都懂。所以他上任第一件事，就是请原来的老同事喝酒，酒酣耳热之际，和大家说说心里话：“大家一路打拼，都是为了追求美好生活，现在天下太平，大家都可以去享享清福了。至于这公司经营嘛，今后就由我老赵一家子辛苦，不用再麻烦各位了。”大家都是聪明人，赵老板这么一说，就纷纷表态愿意折现退股。原始股清退以后，赵匡胤又在制度上做了改变：一是武将有统兵权，但是用兵调配权在内阁枢密院。一旦发生战争，张将军带队出征，但给张将军安排的队伍可能平时是李将军操练的。平时大家也没什么情感交集，将不知兵，兵不知将，没机会也不可能轻举妄动；二是重文抑武，把读书人的地位抬得高高的，待遇搞得好好的，什么军国大事一般都是文官先去研究方案，轮到那些武将只有干活的份儿。即使慕容复兵法武学不错，能通过武举提升自己的地位，但想逼老板进行公司改组，在大宋公司绝无可能。

另外，慕容复想恢复大燕，但大燕曾经的掌权者慕容家族都是窝里斗的高手，什么父子反目、手足相残的闹剧在慕容家族里都发生过。短短几十年，慕容家族就分别组建了前燕、后燕、西燕、北燕、南燕五大家族公司，互相争斗，导致民不聊生，最后很快就灰飞烟灭。大燕口碑这么差，民间风评这么低，慕容家族还想复辟大燕，他们的脑壳简直被门夹迷糊了，开历史倒车，有谁愿意当他们的炮灰呢？

职业规划若和时代潮流逆势而行，任你有通天本领，最终也只能是无可奈何花落去，面对青天空惆怅。历史上，这样不得志的职场大咖数不胜数。

袁世凯，进入大清王朝体制后，经过多年用心良苦的运作，获得了大清老板的高度信任。他接受重任进行小站练兵，组建的现代化军队，成了他在职场纵横捭阖的资本。武昌暴动后，手握重兵的他不努力去消灭反叛分子，反而借机逼着大清公司老板进行公司重组，成立了全民所有制公司，他当了首任负责人。之后，袁世凯成功修改公司章程，成为终身负责人，可他仍不满足，又要把这个全民所有制公司改组成家族传承的独资公司。结果，原来和他玩的人都立刻翻脸，带着队伍讨伐他，当了 83 天的洪武皇帝只能再恢复全民所有制。上上下下骂声一片，复辟失败的袁世凯很快就一命呜呼了。可以说，袁世凯把职场前半场的每一次机遇都抓住了，但最后晚节不保，逆历史潮流，当皇权复辟小丑而成为历史笑谈。

一个人想在职场有所发展，应该有一个小目标，当然不是“先赚他一个亿”这么不切实际的幻想。但你必须要睁大眼睛看看形势潮流，顺势而为。如果能站在大潮的风口，则有可能顺势成功。

那些顺势的成功人士，很多都是被时代潮流推着走向了辉煌。

太会用权被打脸

“铜棍王”缘根和尚的报应

在浙南沿海一带，有一种民间俚语称呼——“铜棍王”，是指一些机构内掌握小权力的人，为了某种利益或者刷存在感，把手中小小的权力充分用足，甚至故意刁难被管理者。他对被管理者挥舞着一根闪闪发光的铜棍，舞得虎虎生风。被管理者被他的铜棍敲得晕头转向，只好找人托关系或者请客送礼，让小事化了。故此，用权的人得到了利益最大化。其中那些段位高的，就被称为“铜棍王”。

《天龙八部》里面也有一个“铜棍王”，他就是少林寺公司的缘根和尚，且看看他是怎么用权的。

虚竹和尚出了一趟公差回来，由于身不由己的原因，违反了少林寺公司的规章制度，他向公司坦承了自己的错误。公司管理层就让他先到菜园子去挑粪浇菜，等待处理结果。

这菜园子有三四十名长工，负责人缘根虽然连少林寺公司的小中层都算不上，但在他的一亩三分

金庸人物注解

缘根和尚：《天龙八部》中的人物，少林寺菜园子的负责人，心胸狭隘，喜欢敲诈勒索他的管理对象。虚竹就曾经接受他的管理。

虚竹：《天龙八部》中的人物，原是少林僧人，后还俗，名虚竹子。虚竹子性格木讷老实，相貌丑陋，浓眉大眼，鼻孔上翻，双耳招风，嘴唇甚厚，又不善言辞。24岁时他随师父发放名帖下山，误打误撞破解了无涯子的珍珑棋局，成为逍遥派掌门无崖子的关门弟子，得了无崖子七十余年的内

力，并成为逍遥派掌门。后来他被天山童姥强迫传授武功，在天山童姥的施计威逼之下，和梦姑李清露破了色戒。无意间他又得到天山童姥和李秋水的内力，亦被传为灵鹫宫宫主，和萧峰、段誉结拜为异姓兄弟。最后他拯救被鸠摩智挑战的少林寺，降服丁春秋，并弄明白自己的身世。西夏国王招纳驸马时，他和公主（也就是梦姑李清露）相认。为救大哥萧峰，他与段誉等江湖豪杰共赴大辽，一行人直逃到雁门关下，却不料萧峰自毁以救国救民。最终他携李清露隐居天山缥缈峰灵鹫宫。

地也是威风凛凛。特别是一旦有同事因为违反规定到菜园子来接受改造，他更会利用这个权力，敲诈勒索、打打秋风，满足一下存在感。这一次虚竹过来，没请托别人关照，出差回来也没有拿点儿伴手礼，缘根心里就不爽了，开口就搬出公司的大道：

“凡是犯了戒律、手上沾过血腥的僧侣，做工时须得戴上脚镣手铐，这是列祖列宗传下来的规矩。不知师弟肯不肯戴？倘若不肯，由我去禀告戒律院便是了。”

虽然还是师弟长师弟短的，但缘根把祖宗家法搬出来，也把不配合的后果讲得清清楚楚。而事实上，戴脚镣手铐是对极个别不服从管理的人，采取的极端措施。虚竹主动坦白错误、接受处罚，怎么会不服从管理呢？试想一下，虚竹要是可以稍微灵光一点，出差带点伴手礼回来，顺手给缘根一份，缘根肯定会礼遇有加。更狠的是，缘根还借祖宗家法责打虚竹，每天一定要打断三根树枝才罢手。名义上是要帮助虚竹忏悔，实则是怪虚竹没给他好处。可怜的虚竹觉得这是减少他罪孽的方式，竟然也忍受了下来。

虚竹能忍，有人却不能忍。缘根根本不知道，虚竹这趟出差，机缘巧合之下，担任了当时位列世界500强的两大公司——逍遥派公司和灵鹫宫公司的CEO，他手底下的管理人员、中层干部能人、牛人如过江之鲫。怎么可以让老板这样被人欺负？暗中保护虚竹的梅兰竹菊四大护卫找了一个机会，狠狠修理了缘根，并责令他要好好伺候虚竹。

缘根欺软怕硬，自那以后，他小心翼翼地当好虚竹的服务员，甚至表示可以违反公司的清规戒律，让虚竹吃香的喝辣的，好菜好酒都不在话下。原来祖宗家法、公司纪律，在缘根这个小小管理者这里都是可以随意变通的，“铜棍王”的舞动空间真是大。

职场之中，每个人的想法和追求都不同。有的人掌握一定的权力，感到是一份沉甸甸的责任，战战兢兢地履职尽责。可有的人，哪怕拥有极其微小的权力，他也要用到极致，变着法子刁难、作弄别人，肆无忌惮地侵犯他人的权益。“酒杯一端，政策放宽；好处一拿，都有办法”，人性深处的丑态在他们身上展现得淋漓尽致。人性和良知，在他们眼里不知为何物，而所谓的制度，在他们眼里更是“舞铜棍”的橡皮筋，可紧可松。

现在一些企业内部的管理人员都有很大的权力，在这些领域，甚至老板的话也不好使，品质、价格和服务，都是这些关键岗位的负责人说了算。如果这些负责人稍微有点私心，完全有机会像缘根那样当个“铜棍王”，刷刷存在感，然后中饱私囊。曾经报载，某地一个鞋企的车间主任，和该车间里好几个女工同时“谈朋友”。并不是他个人“高富帅”魅力超群，而是因为工作派单、产品验收合格与否，以及一些事关员工切身利益的考核都是他说了算。所以这些女工为了讨他欢心，就和他谈起了朋友。这样的例子在现实中肯定不会是个案。

“铜棍王”缘根被狠狠地打了一回脸，看似正义得到了伸张，但事实上这却是少林寺公司管理的败笔。因为，他受到的惩罚不是来自组织内部的纪律约束，而是暗中保护虚竹的护卫出手所致。如果虚竹没有这样的身份和实力，按照缘根这么凶巴巴的做派，虚竹精神和肉体受到的折磨肯定不会少。所以，少林寺公司的高层，除了提高文化水平，练好武功，更要研究好管理学。僧人本应多做善事多积德，而缘根工作了这么多年经，却喜欢“舞铜棍”。

管理是门大学问，对基层管理人员的管理更是一门技术活。像缘根这样的基层管理者，一心想把手中的权力变现，而虚竹这样的老实和尚也就因此受到压榨。所以，想管理好像缘根和尚这样的人员，就不要按常理出牌。管理制度的制定，要以“小人之心度小人之腹”，扎紧制度的篱笆，有效措施和办法都可以用上，确保他们的权力受到监督和制约。而且也要在高层管理人员里面查一查，看有没有缘根和尚的保护伞。

缘根通过“舞铜棍”把小小的权力变现，既让人痛恨，也存在风险。如果他能摸清那些到菜园接受惩罚的人的底细，进行资源开发，可能收获更多。如果缘根对虚竹好一点儿，多和虚竹唠嗑，毫无心机的虚竹肯定会把自己的秘密和盘托出。那么和虚竹共事的这段缘分，就会成为缘根的资源，双方可以深化成亲密的同事关系。如果，缘根想跳槽换老板，甚至可以向虚竹开口，到世界500强公司当个办公室主任什么的，这不是比当菜园子负责人更有前途，更为风光吗？很多人就是因为这样的经历，成功进了高层圈。

身在职场，一个人一时有了点小权力，不能过分滥用，更不能欺负人，世事瞬息万变，谁知道被欺负的这个人是什么来头，将来会成为什么人物。如果一个人为了牟取眼前的一点蝇头小利，整天挖空心思“舞铜棍”，一旦用力过猛，因违法违纪被举报，那就一切鸡飞蛋打了。

该离开时就离开

陈近南的入戏太深

在《鹿鼎记》前半部，陈近南简直是神一般的存在。“平生不识陈近南，便称英雄也枉然”是当时江湖职场对他的评价。连独来独往、性格孤傲的茅十八，对陈近南都崇拜得简直五体投地。他听到陈近南召见他，即使是躺在担架上，说话都有气无力，但仍然“脸泛红光，极为高兴”。第一拨他没轮到觐见，心里还在担心，“也不知我茅十八这一生一世，有没福分见他老人家一面”。除了茅十八还有一批牛人大咖吕留良、吴六奇等等，也是陈近南的超级粉丝。在职场上有这么好的口碑和这么多的拥趸，说明陈近南做人做事大有成功之处。

陈近南是大明王朝公司延平郡分公司 CEO 郑成功的助手，能文能武，道义担当。大清王朝公司接盘大明王朝公司以后，郑成功只好跑到台湾经营发展。为了安置好老员工，陈近南受老板委托创办了天地会公司，在大清王朝公司的地盘潜伏，搞地下工作，图谋有朝一日再帮助大明王朝公司翻盘。天

金庸人物注解

陈近南:《鹿鼎记》中的人物，天地会总舵主，侠肝义胆，济世救民，“平生不识陈近南，便称英雄也枉然”在江湖上广为流传。当时，天地会青木堂群雄无首，定下谁杀了鳌拜就由谁当香主的盟约，结果韦小宝误杀鳌拜，一时哗然。陈近南审时度势，见堂中没有合适人选，就收韦小宝为弟子来领导青木堂。后来，陈近南遭冯锡范伏击，韦小宝用石灰粉解围。韦小宝见陈近南忧心忡忡，就把自己苦心积攒的有关大清龙脉和宝藏秘密的碎羊皮拿出来，交给

地会公司在陈近南的管理下，章程严谨、纪律严明，十个子公司，分版块各自经营，言而有信、童叟无欺，江湖职场的难事急事，他们都会出来仗义执言。几年经营下来，公司实力不菲，陈近南的名声也愈加响亮。

延平郡分公司的CEO后来由郑成功的儿子郑经担任，郑经把自己的二儿子郑克塽派到大清王朝公司发展势力，这导致陈近南的工作环境开始恶化。郑克塽不学无术，把陈近南视同一般的打工者，经常把他爷、他爹的牌子扛出来打压陈近南。虽然陈近南救了他好几次，但郑克塽不仅不知道感恩，还要他的老师冯锡范置陈近南于死地。因为，陈近南是他哥哥郑克臧一派的人物，郑克塽觉得今后自己能否顺利接班，此人是重大障碍。而陈近南却一直顾念旧情再三忍让，希望郑克塽能良心发现。

在通吃岛上，陈近南带领韦小宝等一班人再次救了郑克塽。郑克塽却趁陈近南不备，一剑刺穿了他的胸膛。可惜可叹，替郑家老板打了一辈子的工，当了一辈子英雄楷模的陈近南竟然死在郑家人的剑下。他忠心耿耿，却落得了这样一个下场，真让人可悲可叹。

陈近南集激情、才华、智慧于一身，却壮志未酬死于宵小之手。关键是因为他没有选对领导，他所服务的延平郡分公司作为家族企业，其高层早已

陈近南。陈近南让他拼出碎羊皮，记住内容，然后再毁掉羊皮。在通吃岛上，陈近南对施琅晓以大义，本来施琅已经回心转意，却被冯锡范和郑克塽搅局。最后，他被郑克塽偷袭，一剑穿胸。临死前，他还特意交代韦小宝不能杀郑克塽。陈近南对郑家可谓鞠躬尽瘁，死而后已。

茅十八：《鹿鼎记》中的人物，他最崇拜陈近南。茅十八是韦小宝所交的第一个朋友，被称为"老兄"，到末了，不管有多少阔别阻隔、怨仇误解，韦小宝一力承担，把他从死囚中救了出来。

吴六奇：《鹿鼎记》中的人物，天地会洪顺堂红旗香主，卧底清廷，官至广东提督。做人很有侠义之心，怕韦小宝看不起丫鬟双儿，他就和双儿结拜为异姓兄妹。后来他被归辛树的

因为利益纠葛而明争暗斗，闹得不可开交。

郑经作为郑氏家族公司的现任CEO，生活不检点，年轻时在厦门工作，竟然和自己的奶妈生了一个儿子郑克臧。这可把当时的CEO郑成功气得不行，当场去世，郑经因而人设崩塌。郑成功死了之后，郑经的叔父郑袭当了CEO。郑经后来组织人马，通过流血手段才夺回CEO的位子。郑克臧虽然是郑经的大儿子，但是因为出身问题被郑经的母亲董老婆子等人质疑，致使郑经在接班人的问题上迟疑不决。这导致该团队的高层管理人员从自身的利益出发，纷纷选择站队，从而内耗严重、人心涣散。

郑克塽作为郑氏家族公司的股东及高管，英俊威武，大美女阿珂对他爱慕有加。郑克塽作为他父亲的代表，被派出工作，其行为处事毫无章法可言。

按理说，在大清王朝公司的地盘搞小动作，危险系数很高，应该收敛一些，但郑克塽还是非常摆谱。有一次，因为“杀龟（指吴三桂）大会”的主办方接待稍有不周，他就牢骚满腹。被人邀请参加工作饭局，他回来之后和阿珂的老师九难聊了几句，就把绣花枕头的底都露了出来。九难作为曾经的大明王朝公司的公主，听了郑克塽的身世，她开始对这位“忠良之后”还颇有好感，问他饭局有些什么人，讲了什么重要的话。郑克塽却讲不出几句

妻子归二娘、儿子归锺杀死。

郑克塽：《鹿鼎记》中的人物，郑成功的孙子，延平郡王郑经的二儿子。他风度翩翩，但不学无术。阿珂很爱慕他，韦小宝却暗恋阿珂，因此，韦小宝几次下手作弄郑克塽。后来，施琅带领部队攻克台湾，郑克塽率部归顺清廷，被封为海澄公。

冯锡范：《鹿鼎记》中的人物，郑克塽的岳父、师父。他平时精明能干，却和陈近南不和。他同郑克塽归顺清廷后，被封为忠诚伯。后来韦小宝要救茅十八，就设计抓冯锡范当了替死鬼，康熙知道后也无可奈何。

阿珂：《鹿鼎记》中的人物，原名陈珂，她与阿琪一起寻找师父时，巧遇韦小宝。韦小宝因迷恋她的美色，对她死缠烂打。但她一直

倾心于郑克塽，对韦小宝态度冷淡，并多次险些伤害韦小宝的性命。她的身世很惨，在小说里是李自成和陈圆圆的女儿，小时同母亲寄居于吴三桂府，后被九难偷走。九难为报国仇家恨，又因误认为她是吴三桂的女儿，所以教她刺杀吴三桂。阿珂失手后明白了自己的身世，一心希望能和郑克塽远走高飞。后来她怀了韦小宝的骨肉，后又发现郑克塽的恶劣本性，且逐渐意识到韦小宝对自己的好而转爱上韦小宝，成为韦小宝七位夫人之一，最终跟随韦小宝归隐。

九难:《鹿鼎记》中的人物，为明思宗朱由检的次女，封号长平公主。她武艺高强，李自成攻克北京时，她被崇祯斩去一臂，后来落发出家，称号九难，成为一代武林高手。她收了阿琪、阿珂、韦小宝为徒。

关键要点，只说大家对他老爹和他都很尊重。九难心里当场就有了论断：这郑公子徒然外表好看，却没什么才干。陈近南被“杀龟大会”推选为“锄奸联盟”的总军师后，郑克塽更是感到天地会一干人的眼里只有陈近南，竟拿出他父亲让他“便宜行事”的手谕，以莫须有的罪名，要陈近南自己砍掉右臂。什么公司的远大目标，根本不及他的一己私利。

陈近南凭一己之力把天地会经营得这么兴旺，各个门派公司都对天地会另眼相看。天地会的洪顺堂分公司负责人吴六奇，竟然卧底大清王朝公司，并且身居高位，担任了广东提督。但是，作为天地会老板——郑氏家族集团和郑经从来没有给过他资助和鼓励，就连吴六奇被杀，也没有抚恤表彰一下。天地会后来的一些活动开展，甚至还是靠陈近南的学生韦小宝支持和运作。只有责任义务，没有报酬奖赏，替郑氏家族集团打工的只能靠满腔的热血和情怀。

另外，大清王朝公司采取怀柔政策，甚至派韦小宝作为代表到扬州宣布减免赋税，尽量削弱前几任 CEO 对百姓屠戮的负面形象。大清王朝公司又削平了分裂割据的“三藩”，整个社会经济慢慢趋向繁荣。反观天地会，生存空间日益局促，陈近南的压力前所未有。韦小宝再见到他的老师时，曾经神采飘逸的陈近南也变得“两鬓斑白，神色憔悴”了。而郑氏家族公司控制的厦门等区域也丢了，地盘越来越小，最后只能偏安于岛上，力求自保，没决心更没能力去扩大市场。

陈近南奉献了青春年华的郑氏家族公司由于严重内耗，股东高管的腐败无能，导致公司市场占有率一路下滑。陈近南几次向老板建议要改进公司管理模式，团结和选拔优秀人才，却根本没有得到重视。董老太婆甚至因为个人要求没有被满足，向郑成功吹枕头风，杀了水上业务高手施琅的家里人，导致施琅投向了大清王朝公司，人才此消彼长。而且，陈近南这么优秀的忠诚人才，郑氏家族的小辈都可以随意斥责，根本没有得到基本的尊重，甚至他的人身安全都受到威胁。这样的团队和工作环境根本不能让人留恋。

所以，陈近南应该选择离开，即使郑氏集团曾经有恩于他，但他对郑氏集团所做的贡献已经远远超过他曾经受到过的恩惠，选择离开，无须感到亏欠。凭他的能力和才华，在任何岗位都会有他的一席之地。可是，陈近南偏偏选择了留下，被老板开除消灭的悲剧毫无悬念地发生在了陈近南的身上。

身在职场，每个人都应该忠诚，但这种忠诚，首先应该忠于人民，忠诚于自己的理想与抱负，而不是忠诚于某个人。如果，你所服务的团队出现了尔虞我诈、明枪暗箭等恶劣行为，但领导者仍然黑白不分和稀泥，或者妒贤嫉能打闷棍，你的劳动得不到尊重，你的才华得不到施展，你的成就得不到关注，那就要抓紧离开。你如果继续耗下去，耗费的只会是你的青春和才华，等这条船万一那天突然沉没，那时的你，就连逃生的机会和力量都没了。

吃相难看 终会玩完

连城诀的诱惑

金庸人物注解

梅念笙：《连城诀》中的人物，江南武林名宿，人称铁骨墨萼，身负武林之中最高深的内功“神照功”和“连城剑法”两大神功。梅念笙有三个徒弟，大徒弟五云手万震山，二徒弟陆地神龙言达平，三徒弟铁索横江戚长发，均是不肖之徒。梅念笙知此三人品行，故未将绝艺倾囊相授，反而教了他们不少花哨而不实用的招数。梅念笙是一位当之无愧的大侠，他淡泊名利，视金钱如粪土，心怀天下，情系苍生。但他无识人之明，误收了三个泯灭天良的

在公司，老板接了一笔超级大单，如果做好了，可能会实现财务自由。你和你的同事们肯定都想做，那么怎么向老板争取呢？有的人主动找到老板，说自己业务能力强，敬业精神百分百。有的人平时就会拍马屁，这时更是马上和老板套近乎、提要求。还有的人就会借机打同事的小报告，黑掉自己的竞争对手……每个人都是在职场上追求利益最大化。只要不算太出格，大家也能理解，但万一利欲熏心，不择手段去铤而走险，那最终可能会鸡飞蛋打，职业生涯从此终结。

两湖大咖铁骨墨萼梅念笙偶然拿到了一张大单——一套剑谱和剑诀，两者合并研究，就会找到一笔价值连城的巨大宝藏。所以，这剑谱和剑诀就被合称为连城诀。

梅念笙有三个学生，五云手万震山，陆地神龙言达平，铁索横江戚长发。一般而言，老师，传道授业解惑者；学生，则会对老师十分恭敬：一日为

师，终身为父，生则谨养，死则敬祭。刚开始，梅念笙师徒之间关系还好，可是自从学生们知道老师得到了有关宝藏的剑谱和剑诀以后，就不是那么亲密无间了，他们互相之间就多了惺惺作态、虚与委蛇。

梅老师没有其他亲人，他本来是想把连城诀传给学生，可是，这三个学生总是相互猜忌，怕梅老师厚此薄彼，所以私底下小动作不断。学生的贪婪和狠毒，梅老师看在眼里，他心有不甘要另寻继承人。可是，他还来不及找到让他信任的好苗子，就被三个学生联手除掉，还抢走了剑谱。

万震山他们谋害师长，本来就已经违背了人伦底线，但他们还不罢手。拿到了剑谱，探索宝藏就有了基本路径，如果这哥仨静下心来，齐心协力去研究探寻剑诀密码，说不定还真能找到那笔巨大的宝藏，大家再平分，也可以实现财务自由。可是，他们以小人之心度小人之腹，始终怕其他人会寻隙偷走剑谱，所以他们三人从此形影不离，晚上睡觉的时候，也要在放剑谱的铁盒上系上三根铁链，再把铁链分别系到三个人手上。尽管防范如此严密，有一天剑谱还是丢了，三个师兄弟从此分道扬镳。

几十年里，万震山三人不是嘘寒问暖互相关心，而是始终互相暗中窥探，不放过剑谱下落的蛛丝马迹。后来他们终于找到了宝藏，为了独吞巨额财宝，

徒弟。因梅念笙的《连城剑谱》牵涉到一桩宝藏的秘密，三人竟联手图谋恩师，夺取剑谱。梅念笙却又心慈手软，最后惨败在徒弟手中，更被戚长发暗算。梅念笙身受重伤，投身长江来躲避徒弟追杀，后为丁典所救。梅念笙见丁典品性纯良，临死前将剑法心诀、《神照经》一并传授给了他。

万震山：《连城诀》中的人物，是湘中武林名宿铁骨墨萼梅念笙的三徒之一，排行老大，绰号“五云手”。万震山与二师弟言达平、三师弟戚长发三人为了得取《连城决》，合谋杀死师父。

言达平：《连城诀》里的角色，梅念笙的二徒弟，绰号“陆地神龙”，与他两个师兄弟合谋杀死师父，之后又为争夺宝藏而自相残杀。

戚长发：《连城诀》中人物，湘中武林名宿铁骨墨萼梅念笙的三徒弟，绰号“铁索横江”。他为人阴险歹毒，城府极深，最后死于涂满剧毒的珠宝之上。

他们互相残杀，最终死在了宝藏前。宝藏还在，命已经没了。

身在职场，追求利益最大化是每个人的本能。老板、同事、合作伙伴之间看似都是为了共同的目标去努力打拼，但实质上都是利益导向的驱使。马无夜草不肥，人无横财不富，巨大的利益诱惑总是让人心动。梅念笙的三个学生在面对巨大的利益时，心里想到的第一种方案就是独吞，对有机会共享的对象都是要予以消灭，所有的亲情和友情在利益面前统统让路。一旦操作手段逾越道德和法律的底线，必定会引起人神共愤，最终让自己走上不归路。

身在职场，利己则生、利他则久。1989 年，大字不识的陶大妈在 42 岁的时候，创办了一家仅能摆下两张桌子的“实惠饭店”，卖凉粉。她制作了辣椒酱，本来是佐料，由于口感不错，来买的人越来越多。如果是贫困学生到她的饭店用餐，她总是加量或者不收钱。时间久了，很多学生成为她的粉丝，出于感恩，学生们都叫她“老干妈”。陶大妈还向外地司机免费赠送辣椒酱，司机们的口口相传，让“老干妈”香飘万里，很多人都慕名而来。流量多了，陶大妈送不起了，就批量生产，低价出售。终于，“老干妈”成为调味品市场的王者。

虽然名气大了，但“老干妈”始终坚持微利，销售旺季每天能卖一百多万瓶。关键是“老干妈”的产品定价，同类产品的定价低于“老干妈”的则没有利润，高于“老干妈”的则没有市场，微利做法成了市场的经典成功案例。

职场交往，一个人利己是本能，利他是策略。现在的很多手机APP也是先免费让用户体验各种服务，等用户习惯APP的服务以后，各类捆绑的广告就精准地推送到用户的手机，用户连拒绝的机会都没有。

如今是合作共赢、互利共生的时代，如果面对连城诀这样巨额财富的诱惑，只想不择手段、费尽心机一口独吞，那最终就会像梅念笙的三个学生一样，倒在寻宝的路上。你把别人视为自己成功道路上的障碍，那你也是别人成功的障碍，你不给别人生路，你自己走的就是绝路。

第二章

打怪升级 增强才干

守信带来机遇

郭靖的契约精神

金庸人物注解

郭靖：《射雕英雄传》和《神雕侠侣》中的人物。他融合“九阴真经”“降龙十八掌”和“左右互搏术”三大盖世武功为一体，号令武林群雄，守护着南宋襄阳城的前线边境。第三次华山论剑时他获得“北侠”的称号，为新五绝之一。他生性单纯刚直，重孝义、勤奋、爱国，具备一切金庸笔下最模范的侠义精神。

江南七怪：即柯镇恶、朱聪、韩宝驹、南希仁、张阿生、全金发、韩小莹，是《射雕英雄传》里的团队组合，江

郭靖是金庸系列“侠之大者”的代表人物，能荣膺这一头衔的大咖，肯定得具备超凡的能力和才华。可恰恰相反，郭靖小的时候给人的印象是，“这孩子学话甚慢，有点儿呆头呆脑”，这样的人在学校里肯定属于老师关注的后 20% 的学生。一般来说，这样的学生通过自身努力，能跟得上学习进度就算不错了，如果想今后出类拔萃，可能性很小。

而且，郭靖出身于单亲家庭，父亲被杀，母亲又被逼从江南水乡逃难到人生地不熟的蒙古大漠。可以说，他的家庭不可能为他今后的发展提供人脉资源、物质支持。可是郭靖后来却如有神助，过关斩将，一路走向神坛。这看似偶然，实则是他的契约精神给他的人生不断带来机遇。

郭靖六岁那年，江南七怪因为与丘处机的赌局，在蒙古大漠吃了六年多的黄沙，历经千辛万苦，终于找到郭靖。为了考察郭靖的人品胆识，江南七怪给他出了一道难题：如果郭靖想学本事，为他父亲

报仇，可以在半夜到一座荒山上找他们。让一个懵懂无知的小朋友一个人走夜路，这江南七怪怎么不担心万一小郭靖碰上虎豹豺狼，有个三长两短怎么办？那岂不是前功尽弃？这七怪真是怪得有个性。七怪在黑乎乎的荒山上等到亥时三刻（也就是晚上21:45），连他们自己都等得信心不足的时候，郭靖一个人如约而至。于是，江南七怪就成了他的启蒙老师。虽然这几个启蒙老师的教学水平不咋地，但他们成了郭靖重要的人脉资源，郭靖后来很多机遇就和这几位老师有关。

马钰，当时全真教公司的CEO，他对自己的同事丘处机到处作个人宣传的行为很是看不惯，特别对丘处机和江南七怪这场赌局颇有微词，他下定决心要帮江南七怪一把。于是，他悄悄地来到郭靖的身边，显示出非凡的身手。而当时郭靖正在苦苦学习业务技能，却囿于启蒙老师（江南七怪）的教学水平而不得其法。他当场就被马钰的武功迷住了，立马恳求马钰传授技艺。马钰也给他出了难题，要他在月圆之夜到一座悬崖顶上来补习第一课。月圆之夜，郭靖又是如约而至。他不顾疲劳，小心翼翼地一步一步往崖顶上爬。马钰在崖顶把一切都看在眼里，他打心底欣赏郭靖的守信之举。虽然郭靖反应慢了点儿，但马钰还是不辞劳苦，在大漠吃了两年黄沙，把全真公司修习内功的功法传授给了郭靖。

湖人称“江南七怪”。江南七怪是郭靖最重要的启蒙师父，还是郭靖成为“侠之大者”的引路者。江南七怪里面，张阿生被陈玄风杀害，朱聪、南希仁与全金发都被欧阳锋杀害，韩宝驹被杨康杀害，韩小莹自刎，唯独柯镇恶幸免于难。

丘处机：《射雕英雄传》中的人物。全真教王重阳的二弟子，道号长春子，他和其他六位同门号称“全真七子”。丘处机武功高强，性格豪放，因误会和江南七怪群殴了一场，不分胜败。于是，他和江南七怪定了一场赌约，让自己的弟子杨康和江南七怪的弟子郭靖在十八年后比试一场，以此来决定双方的胜负。全真教掌门马钰去世后，丘处机接任掌门。

马钰：《射雕英雄传》中的人物，道号丹阳子，王重阳首徒，全真七子之一。马钰为人宽厚仁和，常行走江湖，救危济困，行侠仗义，在大漠游历时偶遇郭靖，并传授他道家内功。

黄蓉：《射雕英雄传》和《神雕侠侣》中的人物，她是桃花岛主“东邪”黄药师的独生女，精通父亲的桃花岛武功和奇门遁甲之术。黄蓉集天地灵气于一身，冰雪聪明、多才多艺、博古通今。她与郭靖一生相恋、患难与共，后辅佐夫君保家卫国，竭尽所能，被誉为“女中诸葛”。黄蓉从《射雕英雄传》中的青春少女一直到《神雕侠侣》中的中年妇人，是金庸着墨最多的女性角色，也是金庸笔下最具人气、最负盛名的女主角之一。

从此，郭靖就走上了事业发展的快车道，同时，他也和全真公司建立了亲密的合作关系，人脉资源进一步拓宽。应该说，守信是郭靖事业起步的开始，如果没有守信赴约，他哪有后来的机缘呢？

郭靖和黄蓉萍水相逢，在小茶馆聊得开心，黄蓉听郭靖讲起他的汗血宝马，就随口和郭靖开玩笑，问他讨一样东西，郭靖马上就答应了。黄蓉开口要的恰恰是郭靖拥有的汗血宝马，她就想看看郭靖这个老实人会怎么拒绝她。哪知郭靖毫不犹豫地答应把汗血宝马送给黄蓉。这一方面是郭靖的淳朴豪爽，另一方面也是郭靖一诺千金的守信，既然答应了，自己有的就要给对方。郭靖这么做是性格使然，却把黄蓉这个内心聪慧、博学多才、背景深厚的全能型美女的芳心打动了。黄蓉“心中感激，难以自已，忽然伏在桌上，呜呜咽咽的哭了起来”。要知道，黄蓉心机较深，会演戏会做秀，能让她现场泪奔，说明她内心感动到了极致。郭靖有了黄蓉助力，事业就开始腾飞。

在黄蓉的运作下，东邪、南帝、北丐这些世界500强头部企业的大咖，在关键时刻都给郭靖助力。归云庄更是郭靖和黄蓉的拥护者。他们请客吃饭、会议举办等一切支出，归云庄照单全付。大伙儿吃好喝好，玩得开心，心里都会念着郭靖。你看看，这里积聚了多少人脉资源啊。

郭靖言而有信、遵守契约的事例不胜枚举，久而久之，大家和郭靖打交道、办事情都感到心中有底。只要郭靖应承了，他肯定会想尽办法把事干成。有了这样的口碑，郭靖的事业资源和人脉节节攀升，事业盘子越做越大。在襄阳对抗蒙古军队入侵时，他一个平头老百姓，振臂一呼，很多人不顾生死就团结在他的手下。郭靖走上了“侠之大者”的事业巅峰，其他英雄豪杰都只能望其项背。

身在职场，守信是基本的要求，它是一种自由、平等、守信、救济的精神，西方称之为契约精神，中国古时称之为信义。而在当下，过分强调效率，遇到红灯绕道走、弯道超车等变通规则的做法成了时尚，守信却成了奢侈品。谈好的条件，对己方有利的，就加大推进执行的力度；对己方不利的，总会提出无数个理由来毁约或者变通。

郭靖的契约精神在尔虞我诈的职场成了另类，看似他有可能成为冤大头，但偏偏他看似迂腐固执的契约精神，能让对方真切感受到双方合作预期的结果，从而有最大的安全感，黄蓉在众多的爱慕者中，偏偏喜欢上颜值才华都一般的郭靖，这和他给黄蓉带来的安全感有很大关系。

北宋职场大咖种世衡在西北边疆当领导的时候，当地一些地方势力代表不怎么搭理他。为了搞好和他们的关系，种世衡和他们约好日期去拜访。结果，约定日那天，天降大雪，地上的雪足足积了三尺厚。出于对领导的人身安全的关心，劝种世衡取消行程。却说，我要和他们谈合作，绝对不能失约。冒着风雪，种世衡按照约定来到了地方势力代表的帐篷，这些地方势力的大小头目都深受感动，表示非常愿意和种世衡这么守信用的领导交朋友、搞合作。搞定了地方势力，种世衡的功绩成果不菲，职场升迁的道路也就越走越顺了。

身在职场，每个人都期待机遇。身边有人取得成功了，看他貌不惊人，才干一般，但就是机遇好，而自己的运气总是差那么一点。其实，从职场一路走来，我们首先要做到的就是守信，把自己承诺的事情一丝不苟地落实到位，在业界树立自己的口碑，机遇自然而然会送上门。运气对一个人来说，看似偶然，实则必然，因为一个人长久的言而有信，那么他积累的气场就会吸引“运”这个气球，最后准确地飘入他的怀抱。

独立思考 探寻真相

胡一刀之死“罗生门”

胡一刀是《雪山飞狐》的人物，金庸通过不同人物的描述，才让读者了解他的大咖风采。

由于祖辈的历史渊源，胡家和苗家、范家、田家三家成为死敌，他们相斗了百年仍不罢休，到了胡一刀、苗人凤这一代，他们仍在继续进行你死我活的生死之战。

最终，胡一刀死了。他的死让很多读者扼腕叹息。但是，对于他的死，不同人的描述却不尽相同。这样，就给二十七年后，胡一刀的儿子胡斐出了难题，他到底应该找谁复仇才能完成他的使命呢？

且看，相关人物是怎么描述胡一刀之死的。

宝树和尚，直隶沧州乡下的一个小镇上的跌打医生，当时名叫阎基。由于他要替胡一刀的夫人接生，就留在了客栈。他除了目睹，加上帘窥壁听，算是比较全面地了解胡一刀与苗人凤的生死之战。而且，他还受胡一刀之托，送信给苗人凤一方，同

金庸人物注解

胡一刀：《雪山飞狐》中的人物，胡斐的父亲。他是明末农民起义领袖李自成的四大护卫之首“飞天狐狸”的后人，武功极高，为人豪迈，人称“辽东大侠”。当年胡一刀和苗人凤在沧州相逢，展开了一场空前绝后的鏖战，胡家刀法神出鬼没，而苗家剑法也是举世无双。两个人苦战几天几夜，不禁生出了英雄惺惺相惜的感觉。两个仇家深为对方的品格和武艺折服，都暗暗发誓，不管是谁在这场鏖战中死去，都会受到对方永久的纪念和爱戴。

时他也把苗方的回话带给了胡一刀。他说，胡苗两人一见如故，都非常信任对方。苗人凤毫无顾忌地享用胡一刀夫人做的饭食。胡一刀觉得自己的刀快，就换成普通的刀，苗人凤也把自己的剑尖折了。苗人凤这边的田归农等人发射连珠弹助攻，被苗人凤呵斥并赶出比试现场。更为难得的是胡一刀从他和苗人凤的交谈中得知，未杀仇人商剑鸣是苗人凤此生未了的憾事。于是，胡一刀白天与苗人凤大战，晚上他不顾身体疲劳，骑马来回奔驰数百余里，用苗家剑法拿了商剑鸣的人头，直到第二天在与苗人凤的拼杀结束才告诉苗人凤。他们两个白天比试，夜间喝酒谈论，抵足而眠，胡一刀担心自己万一不测，要把儿子托付给苗人凤，苗人凤明知孩子长大会找他报仇，他也爽快答应会抚养孩子长大。这样一看，他们更像是生死朋友，而非生死对手。后来由于胡一刀一时疏忽，苗人凤险胜，胡一刀干了三碗烧酒后，当场自杀。阎基的结论是胡一刀技不如人，自杀而死。

苗若兰，一方当事人苗人凤的女儿。她说，她父亲告诉她的版本是这样的：胡一刀与苗人凤一直打了四天。双方越打越投契，对方的套路招数都彼此了然于胸，胡一刀提出互换兵刃，苗人凤同意了。因为胡一刀想借机化解百年仇怨，如果胡一刀得胜，那他是用苗家剑打败苗人凤的；如果苗人凤得胜，

苗人凤：《雪山飞狐》和《飞狐外传》中的人物。他属于顶天立地、不苟言笑的那一类人物，武功极高，其苗家剑法堪称天下无双，号称“打遍天下无敌手”，又号“金面佛”，也是唯一一个知道闯王藏宝图下落的人。苗人凤和胡一刀的沧州一战，令风云变色，惊天地泣鬼神。两人明明是仇敌不共戴天，却处处见相惜相敬之情。苗人凤坐下就与胡一刀举碗共饮，毫不作小人防范之态，他相信胡一刀“是铁铮铮的汉子”，不会暗算他，他才是胡一刀真正的知音。

宝树和尚：《雪山飞狐》和《飞狐外传》中的人物，原名阎基。本来是沧州的一名跌打医生。由于苗人凤当场打断了田归农的兵器，田归农极为懊恨苗人凤，所以田归农收买阎基在苗人凤和胡一刀二人的刀剑上下了剧毒，以至于胡一刀被苗人凤误伤而导

则是用胡家刀打败胡一刀的。两种结果都不会让双方的祖上蒙羞。在最后一天的比试中，苗人凤用临时创新的刀法浅浅地割了对方一刀，尔后胡一刀一脚踢中苗人凤的关键部位，苗人凤倒地不起，胡一刀胜了，最终却因刀上有剧毒，胡一刀死了。苗若兰的结论是胡一刀死于他人暗害，凶手暗中在双方的兵刃上下了毒。

平阿四，客栈厨房帮忙烧火的小青年。他曾经受过胡一刀的恩惠。他说，事情是这样的：胡一刀要去向苗人凤解释一些非常重要的事情，本来他不想让一个不相干的人去送信，但由于胡夫人刚生了孩子不能走动，而胡一刀自己脾气又暴躁，怕当面和苗人凤的伙伴起冲突，他只能交代阎基过去送信。（平阿四知道阎基平时就不是什么好人，就偷听了胡一刀和阎基的谈话内容。）原来胡一刀交代的是胡、苗、范、田四家上代结仇的原因，苗人凤的父亲和田归农的父亲两人的死因以及一个巨大宝藏的秘密。阎基送信回来以后，他的包裹中装了十多锭大银，他又悄悄地从药箱中取出药膏，涂在胡苗两人的兵刃上。所以后来苗人凤割了胡一刀一刀，胡一刀就中毒而死。平阿四的结论是：阎基，也就是宝树和尚是凶手之一。

陶百岁，田归农的工作下属，他有机会接触到田归农的一些核心机密，而且当时他也在现场，目

致剧毒发作而死。阎基出家做了和尚以后，他的贪婪本性更胜往昔。最后因为贪图宝藏，最终和陶子安、陶百岁、田青文、熊元献、刘云鹤、曹云奇、殷吉等一干人被困在了李自成留下的宝藏洞内。

田归农：《雪山飞狐》和《飞狐外传》中的人物，关外天龙门北宗掌门。他在江湖上颇有名气，英俊潇洒，曾和苗家掌门“金面佛”苗人凤的妻子南兰有过一段感情。田归农为人足智多谋、阴险毒辣，为得到李自成藏宝图不择手段，他活捉了苗人凤，并以折磨号称天下无敌的苗人凤为乐，后来自杀身亡。

商剑鸣：《雪山飞狐》中的人物。他是山东武定县人，乃“威震河朔”王维扬的弟子，八卦门中的顶尖高手。其妻商老太，有独子商宝震。

睹了胡一刀死去。他说，阎基是按照胡一刀的交代，去送了信，但是没有碰到苗人凤，而是碰到了田归农。田归农告诉阎基，他会将信转交苗人凤，并叫阎基告诉胡一刀，让他准备好两大一小三副棺材，准备好以办后事。后来，田归农根本没有向苗人凤提起信件的事，而且，他还交给陶百岁一种天龙门公司独有的秘制毒药——追命毒龙锥，让他想方设法涂在胡苗二人的兵刃上。因为在田归农的心里，胡一刀是世仇，要死；苗人凤对他当众呵斥驱赶，丝毫不给他面子，他更恨苗人凤，恨得要死。陶百岁作为下属，不敢拒绝田归农，就把毒药交给了阎基。后来，阎基去做了。陶百岁的结论是：田归农明明知道胡一刀想化敌为友，却让阎基传话火上浇油，还暗中布置投毒，是杀死胡一刀的真正凶手，而陶百岁自己和阎基只是帮凶。

上面几个人分别按照自己的方式描述胡一刀之死的真相，让人听了扑朔迷离，这样的罗生门案件看来是要请福尔摩斯介入，才能分析推理、还原侦破，找出真凶。

身在职场，领导、同事、合作伙伴以及竞争对手所处的位置都不同，对同一件事的认识和意见往往不尽一致，多多听取各方不同的意见有利于寻求真相，但各种似是而非的描述和结论，可能会让人无所适从。如何在纷繁复杂的信息中去伪存真，发

苗若兰：《雪山飞狐》的人物，“金面佛”苗人凤和妻子南兰的女儿。她容貌秀丽，声音娇柔，出场时让武林豪客均感自惭形秽。她处事不惊、天真善良、端庄大气。因听父亲讲述胡、苗、范、田四家百年恩仇时对小胡斐颇为关心，她长大后更对胡斐一见倾心，抚琴饮酒与之对诗，并与胡斐定下白首之约。

平阿四：《雪山飞狐》和《飞狐外传》中的人物，胡斐的养父。他为人自卑、善良忠心、有恩必报。本为客店小厮，受胡一刀相助，得以解决贵利之灾，自此对胡一刀死心塌地，以报救命之恩。

陶百岁：《雪山飞狐》中的人物，饮马川山寨寨主，陶子安的父亲，曾经是田归农的副手。此人在江湖绿林中也是一个好汉，但最后因为贪图李自成留下的宝藏，

现真相，既考验我们的逻辑观察能力和分析推理能力，也为我们的正确选择提供支撑。

保持独立思考的能力是探寻真相最宝贵的品质之一。没有无缘无故的爱，也没有无缘无故的恨，职场最大的博弈点就是利益最大化。因此，任何不同的意见纷争，首先就要从各方的观点陈述中去分析他们的利益出发点。虽然现在很多人为了推销自己的观点，利己的本质外都有着利人的包装，但我们只要经过认真推演，总能明白各方真正的动机，明白了对方的动机，我们就可以掌握主动，就会离事情的真相越来越近。

阻碍进行独立思考的因素很多，但主要的无非是这么几种：

自我中心，所有的分析判断都从自己个人的角度出发，把自己的需求和价值选择作为评判事件的唯一标准。这样的逻辑推演会遗漏掉很多有利于寻找真相、却因个人好恶的眼光被忽视的线索，从而造成对整个事件的误判。

信息盲从，听到利益相关方人员头头是道的分析建议，囿于自身的能力因素或者时间原因，没有很好地对这些建议进行检验推理，就跟风盲从了。现在的自媒体时代，每一件吸人眼球事件的发生，总有各种不同的议论，每个观点看似激浊扬清，主持正义，而事实上可能都是某些利益集团的观点

与陶子安、田青文、曹云奇、殷吉、刘云鹤、熊元献、宝树一干人等被困在宝藏洞内。

主张。

眼见为实，眼见为实本来是检验问题真伪的好手段，但在数字化和互联网时代，我们见到的可能是相关利益方愿意让我们见到的表象，数据、场景、检验报告等等都是可以通过包装来让我们看到最神奇的一面。就像刘谦的魔术，我们能相信自己眼见为实的直觉吗？

简单归因，把一个事件的进展简单化，觉得非此即彼，而当下职场任何事件的进展都会受到很多因素影响。一件事干得出色，除了执行者的个人能力外，老板的支持，团队的协作，科研的支撑，市场环境的优势，甚至气候影响等等都可能会让事件改变其原来的进展方向。因此，作为老板就不能随随便便把大红花颁授给执行人，而是要通过复盘分析，合理评定团队人员的业绩，做到赏罚分明，这样才能让团队心齐气顺。

如何保持独立思考的能力，关键是一个人要有开放的思维，对任何事件不能预设观点和立场，不迷信权威，不靠经验主义，而是要广泛收集信息，听取各方意见，进行系统化思考和分析判断。同时还要不断学习各方面知识，一个人不可能成为各个行业的专家，但要听得懂各方面专家的意见和论述，相信专家但不能依赖专家。开放思维，全面搜集信息，进行系统思考和完善知识结构，这些都会提升我们独立思考的能力。

当然，在独立思考寻求真相时，通过对一些问题和现象背后的原因进行抽丝剥茧地分析，我们可能会发现有的利益相关方，表面上针尖对麦芒，寸步不让，但暗地里可能已经互通款曲。在我们寻求真相的过程中，或许会无意之中发现了一些人的另一副嘴脸。

学会独立思考的理念和方法，我们处理起具体问题时就能有的放矢，给自己插上腾飞的翅膀。

一个人要真正做到保持独立思考确实很难，同事关系的和谐和面子的维护，竞争对手的朝夕追赶，还有领导迫切需要成功的殷殷期待，都会让我们面临压力，但如果我们能始终把这种正确的理念坚持下去，坚持平常心，那么一切难题在我们面前都会显得简单明了，我们在职场之路才会一帆风顺。

善良是奢侈品

虚竹的人生际遇

金庸人物注解

苏星河:《天龙八部》中的人物，逍遥派掌门无崖子的首徒，“函谷八友”的师父，号称“聪辩先生”，又称“聋哑先生”。星宿老怪丁春秋的师兄。

无崖子:《天龙八部》中的人物，逍遥派祖师的二弟子，也是逍遥派的第二任掌门，名字取自于《庄子·外篇·知北游》中的“其来无迹，其往无崖”。他面如冠玉，精通逍遥派各种绝学。无崖子有两名师姐妹，分别是天山童姥和李秋水，两人为无崖子而争风吃醋。无

虚竹是少林寺公司的虚字辈弟子，他从小就没娘爱、没爹疼，被少林寺收养当了小和尚。他相貌丑陋，业务能力平平，平时在公司里面尽干些挑水、砍柴的杂活，虽然也有参加团队的一些业务竞赛活动，他总是负多胜少，不过他觉得重在参与，对胜负很看得开。按一般发展规律，如果他靠熬资历，这辈子在少林寺公司最多混个小中层，最后终老于少林。

有一次，少林寺准备开一个研讨会，要分发邀请函，由于人手不够，于是憨憨厚厚的虚竹有了机会，他带着发邀请函的任务，第一次走出了少林寺。但就这一次难得的机会，因为他的善良，他碰上了特殊机遇，迈上了人生事业发展的快车道。

逍遥派公司的大咖苏星河根据老师无涯子的指令，摆了珍珑棋局，邀请天下高手来破解。那天，段延庆和苏星河对弈，星宿公司的丁春秋、“北乔峰、南慕容”的慕容复、大理国的接班人段誉和少林寺

的高管玄难等一干人在旁观看，粗通棋理的虚竹也有幸和他们一起。在段延庆苦苦思考的时候，丁春秋想要趁机消灭竞争对手，用心理诱导的办法蛊惑段延庆自杀，而旁边的那些高手大咖都袖手旁观。关键时刻，为了解救段延庆，棋艺低微的虚竹替段延庆下了一颗棋子，误打误撞被拉进了棋局。清醒过来的段延庆暗中指导虚竹，最后虚竹终于破了这个珍珑棋局。虚竹因此获得了逍遥派公司赠送的大礼，无涯子把自己积蓄了70年的功力转到他身上。

虚竹的成功，在于他的善良。

“人之初，性本善”，一般来说，善良是一个人的本能，而在职场上，善良偏偏是最稀缺的资源。大家都歌颂善良，却很少有人去坚持善良，善良往往成为胆怯、懦弱的代名词，什么“马善被人骑，人善被人欺”，内心良善的人可能经常被欺骗、被利用、被牺牲、被和谐，他们在职场简直成了另类。

也有一些人，他们怀着善良步入职场，可是，因为好心的付出，没有好的回报，经历了几次，他们原本柔软的内心慢慢变得坚硬。因此，善良也是易碎品，一时的善良不难，难在把善良当作习惯，久久地坚持。

善良的人虽然有时被人欺负，但总有一些傻傻的老实人能在尔虞我诈的职场里大放异彩，获得成功。他们没有超强的业务能力，没有显赫的靠山背

崖子在接任逍遥派掌门后，曾与师妹李秋水在大理国的无量山“琅嬛福地”隐居。后来，无崖子遭到徒弟丁春秋的暗算，被推下山崖，侥幸不死沦为残废，于是他摆下珍珑棋局，等待有缘人为其复仇。棋局被虚竹在因缘巧合下破解，无崖子在将平生功力以及逍遥派掌门之位传于虚竹后逝世。

丁春秋：《天龙八部》中的反派角色。本是逍遥派的弟子，后来他背叛师父无崖子，将无崖子打下悬崖，为了寻找逍遥派的武功秘籍，在西域创立星宿派。丁春秋不仅武功高强，并且极擅用毒。门下弟子称其为“星宿老仙”，江湖中人不耻其行径而称之为“星宿老怪”。他练就一身阴毒武功，其中“化功大法”以剧毒化人内力，武林人士对此最为痛恨。星宿派独门暗器之多、毒药之猛更是人见人惧。后来在

少室山武林群雄大会中他和虚竹交战，被虚竹用生死符制住，终生囚禁于少林寺。

玄难:《天龙八部》中的人物。他和玄寂、玄慈是一师所授，武功高强，内力深厚，曾参与聚贤庄大战、珍珑棋会等重大事件，后死于丁春秋的“逍遥三笑散”。

景，更没有广泛的人脉资源，他们只有一颗善良的心，干了一些他们认为应该干的事。

鸿星尔克是国内一家运动服饰企业，近年来，这家企业经营不太景气，它的股票在2011年停牌，2020年于境外退市。本来，商海沉浮很正常，困境重重的鸿星尔克却因为在2021年给发生特大洪水灾害的郑州慈善捐款捐物价值5000万，上了热搜。后来，有心的网友又搜出鸿星尔克的善举：2008年，汶川地震，捐了600万；2018年，向贫困地区捐了6000万；2019年向中国残联捐了一个亿……自顾不暇，还这么大力度地对外捐助，鸿星尔克的善举感动了万千网友。不能让善良的企业失败，众多网友线上线下纷纷联动，鸿星尔克的产品瞬间被抢购一空。这可能是鸿星尔克团队始料不及的，他们始终宣称，他们的捐助行为只是履行了企业的社会责任。但善有善报，公道自在人心。

首先，善良就是有一颗通透的心。

心地善良的人在职场里除了工作还是工作，不会去拉帮结派，他们处事简单，不会暗中给人设套打埋伏，他们简单，别人对他们也简单。他们超然于各个方面，少了方方面面的利益纠葛，就会有更多的时间和精力去思考、谋划工作业务。笨鸟先飞，以勤补拙，善良的人经过较长时间的磨练，能力一定会提高得更快，从而获得领导的青睐。

心地善良的人看上去有些平庸，却保持了独立的人格，他们可以笑看云卷云舒，静观花开花落，不会因为站队而可能站错队，出现一荣俱荣、一损俱损，大起大落的状况。而当有城府会算计的聪明人经常因为势力划分、荣誉利益分配等争斗不休，各方难以平衡时，那些善良的老实人可能会有意想不到的机遇。

后金王朝的 CEO 皇太极死得突然，谁会成为继承人成为当时最让人关注、最有悬念的话题。皇太极的长子豪格和皇太极的弟弟多尔衮，二人因为平时的优异表现成为热门人选，他们背后都各有相当实力的支持团队。可是，经过剑拔弩张、跌宕起伏的明争暗斗，由于双方团队旗鼓相当，分不出胜负。最后，为了事业大局考虑，众人只能做了妥协：皇太极的第九个儿子——年仅六岁的福临成为继承人，这让很多人大跌眼镜。六岁的福临，我们不能给他标上善良、老实的标签，但正是因为他年少不懂事，超然物外是他胜出的砝码。“夫唯不争，故天下莫能与之争”，中国历史上这样的案例不胜枚举。

其次，善良的心还是一颗光明的心。

心地善良的人没有各方面的纠葛，工作中所有的出发点都是把团队利益和事业发展放在首位。由于人格独立，他们更能坚持独立思考，并且会多方面听取不同意见，克服自我意识和思维盲点等缺陷，所以，大多时候他们的解决方案会显得更有智慧、更有效率。

大明王朝的宁王朱宸濠，突然在南昌发动叛乱时，身为地方官的王阳明在没有收到朝廷平叛命令的情况下，就主动出击，投入到平叛战役中。但是，由于事发仓促，王阳明手头一下子不能调集足够的兵力。面对紧张形势，王阳明采取了以下办法：一是大造宣传声势，说朝廷对宁王造反早已洞若观火，平叛大军早已准备就绪，让叛军不敢轻举妄动；二是大搞无间道，把真真假假的消息，通过写蜡书的方式故意泄露给宁王内部的相关人员，造成宁王内部意见分歧，延误敌方的进攻时间；三是当宁王率军进攻安庆时，王阳明冒着安庆失守的风险，力排众议，围魏救赵，让部队进攻宁王的老巢南昌，让叛军首尾不能兼顾而疲于奔命。结果仅35天，王阳明就以少胜多，抓了宁王朱宸濠。而这个时候，北京的平叛大军才出发不久。王阳明这次教科书级的平叛行动，关键是“其心光明”，没有因为朝廷的平叛命令没下达，就借机等一等、看一看，做个聪明的骑墙派，万一宁王成功也有回旋的余地，而是迅速采取对策付诸行动，从而让自己掌握主动优势。

最后，善良的心更是一颗仁德的心。

心地善良的人做事从来不带功利性，他们与人相处，更多的是看到对方的长处和闪光点。一个人富有才华，干事创业之初可以迅速整合各方资源。而他的涵养德行，则会树立良好的口碑，在职场上能行以致远，取得更大的成功。在职场上做善良人，行善良事，可以唤醒一些人内心的良知，让尔虞我诈的残酷职场有一抹暖色。

号称天下第一坏蛋的段延庆在被虚竹救下后，内心感恩，觉得丁春秋会挟嫌报复，就暗暗下决心要保护虚竹。果然，关键时刻，他挡住了丁春秋的黑手，助力虚竹走上了快速成长的快车道。心地善良的人不求回报，关键时候却有福报，这就是有德，才会带来美好的结局。

当然，在职场心地善良，不是让人做是非善不分的东郭先生，更不是做迂腐浅陋的冬烘先生，而是在为人处世中，在处理具体问题时心存善念。天山童姥在灵鹫宫用“生死符”控制三十六洞、七十二岛的众多门徒，大家迫于她的淫威才低声下气地为她服务。天山童姥一有难，这些人就暗中谋划要推翻她的统治，甚至要置她于死地。而虚竹执掌灵鹫宫后，不辞辛劳地为大家拔去“生死符”，他以德服人，让大家恢复身体的自由，结果大家反倒心悦诚服。在虚竹组织的解救萧峰的行动中，三十六洞、七十二岛人士为虚竹赴汤蹈火、鞠躬尽瘁。天山童姥这样的“心机”之人最终败给了虚竹这样的善良老实人。

身在职场，要想脱颖而出，需要学会品牌策略、谈判方法、销售技能等技巧。但要想在一个行业中行稳致远，必须有专业素养和职业道德，秉持“害人之心不可有”的道德底线，做好自己，才能无愧于心。

小成靠智，大成一定靠德。

竞争要有风度

胡一刀与苗人凤的生死劫

身处职场，竞争无处不在，对内要跟同事竞争，对外又要跟对手竞争。要取得优势和领先，需要力度，但赢得尊重，则需要温度和风度。

胡一刀和“金面佛”苗人凤因为祖上世仇的原因，他们互相成了强劲的对手，非得你死我活才能结束这段世仇恩怨。两个人初次见面就爆发的世纪大战，虽然在不同人的口里有个别细节稍有出入，但刀光剑影下，却充满了人性的光辉。

首先，他们互相信任。

他们原来素不相识，只是从江湖传言中略知彼此。大战前，胡一刀在客栈里吃着夫人做的菜，喝着好酒。过了一会儿，苗人凤和田归农带着一批人如约而至。

胡一刀头也不抬，说：“吃吧！”苗人凤道了一声好，就坐在了胡一刀的前面，端起碗就要喝酒。

田归农慌忙伸手拦住，说道：“苗大侠，须防酒肉之中有甚古怪。”

苗人凤道：“早知道胡一刀是铁铮铮的好汉子，行事光明磊落，岂能暗算害我？”他举起碗一仰脖子，一口喝干，再夹块羊肉吃了。

他们可以一边喝酒，一边谈论武艺，互相把“胡家刀”和“苗家剑”解说得十分细致。按常理推测，这些修炼秘诀应该是职场任务的核心竞争力啊，可他们全不避讳。还有，他们甚至同榻而眠，第二天再继续比试。

按理说，兵不厌诈，万一对手在酒菜里弄点小手脚；或者吃了人的嘴短，下手留点情就会伤到自己；还可以趁夜黑风高放火，趁机结果对方，然后伪装现场，再召开新闻发布会洗白自己……这都是百试不爽的法宝。但在苗人凤和胡一刀的竞争交流期间，这些都没有发生。大咖之所以成为大咖，因为他们具有常人所不具备的胸襟和气魄，以君子之心度君子之腹。

还有，他们尊重规则。

胡一刀的宝刀几次斩断苗人凤的剑，于是他说：“你们借一把刀来，我这刀太利，两人都显不出真功夫。”

一旁的田归农听了实在太开心，当即在手下手中取过一柄刀给他。胡一刀就把自己原来的宝刀丢在一边。

“金面佛”苗人凤见他如此，也不愿占胡一刀的便宜，就横过长剑，用右手拇指和食指捏住剑尖，“啪”的一声，将剑尖折了一截下来。

胡一刀见状，笑道：“苗人凤，你不肯占人半点儿便宜，果然称得上一个‘侠’字。”

而胡夫人经过这几天对苗人凤的仔细观察，发现了苗人凤技术中的大漏洞，并和胡一刀进行了演练，觉得完全可以一击制胜。后来苗人凤出现这个漏洞的时候，胡一刀不但没有利用对手的技术失误来取胜，还把这个漏洞告诉了苗人凤。

当苗人凤知道自己的小伙伴在夜里骚扰胡一刀，还有田归农暗中用连珠弹攻击胡一刀，他感到颜面无存，严厉呵斥了他们。

所以高手竞争，是在公平中享受击败对手的愉悦，他们都觉得靠能力之外的因素取得胜利是最大的羞耻。

更重要的是，他们双方能互解难题。

双方在交流中，胡夫人问苗人凤有什么未了之事。苗人凤说山东的八卦好手商剑鸣和他约架，他有事不在家，商剑鸣就违反江湖规矩，杀了苗人凤的弟妹。苗人凤觉得必须，要宰了商剑鸣才罢休。可是，苗人凤觉得自己和胡一刀的世纪大战还未完成，他还没来得及处理此事，所以一直感到心中有所遗憾。

接下来那天的比试，他们仍然不分胜败。谁也没想到，晚上胡一刀不顾眼前强大对手的压力，一夜来回几百里，耗费大量的体力，取了商剑鸣的人头，了却对手苗人凤的心愿。而且，在除掉商剑鸣的过程中，胡一刀全程用的是“苗家剑”。

但胡一刀并不为自己邀功摆好，而是在第二天的比试结束之后，他才把商剑鸣的人头交给苗人凤。

而苗人凤问胡一刀有何未了之事，胡一刀直接说：“你若杀了我，我孩子必定找你报仇，你好好照顾他吧……”

苗人凤说道：“你放心，你若不幸失手，这孩子我当自己儿子一般看待。”把对手的难题当作自己的问题去解决，不怕对手的孩子长大复仇而及时斩草除根，还要好好扶养，这既是自信，更是从心中折服对方风度的相知。

胡一刀毒发身亡之后，胡夫人果然把孩子托付给了苗人凤。但混乱之中，受到胡一刀尊重的感恩青年平阿四趁乱抱走了孩子，这让苗人凤抱憾终身。后来他对自己的女儿苗若兰多次说，如果让他选择，他会牺牲苗若兰来换取胡一刀的孩子。生死相搏，竟有如此暖暖温度，说不清他们到底是生死对手还是生死朋友。

一般来说，职场竞争中，让自己有利或者取得胜利是最终的目的，因此尔虞我诈，虚与委蛇，设套下药等三十六计层出不穷。甚至，按照规则明明失败了，却仍然死缠烂打，非要整个你死我活，一拍两散。

在职场上要发展，就会有一场又一场的竞争，既会有脱颖而出、一飞冲天的喜悦，也会有无可奈何花落去、力不从心的悲伤。能和你相互竞争的对手，基本会和你有相当的实力和才华，在竞争中保持风度，尊重对手，遵守规则，遵守底线。即使有胜有负，你也能赢得对手的尊重和欣赏。那么，你就可以在业界打造你的口碑和人设，大家会从心底里敬慕你。

可能，你在竞争中一时失败了，但你的竞争对手却欣赏你的风度，偏偏以优厚的条件向你伸出橄榄枝，来争取你成为他的合作伙伴，最后实现你们双方的合作共赢，这种共赢或许才是竞争的最高境界。

向下扎根，才能向上发展

朱元璋的成功逆袭

金庸人物注解

朱元璋：历史人物，明朝的开国皇帝，他原来是安徽凤阳皇觉寺的和尚，因不满元朝统治，在《倚天屠龙记》中，他加入明教，对抗朝廷。朱元璋富有手段计谋，他在明教的地位逐步上升，最终攫取了明教的领导权。

朱元璋虽然是大明王朝公司的第一任 CEO，但在张无忌领导下的明教公司里，一开始他只是一个不折不扣的小角色。可就是这个小角色，最终成功逆袭，取代张无忌，担任了明教公司的领导者。这一路走来，他成功的秘诀是什么呢？

朱元璋原来是安徽凤阳皇觉寺的穷和尚一枚，张无忌第一次碰到他时，觉得朱元璋“相貌十分丑陋……双目深陷，炯炯有神”。朱元璋唯一的亮点就是眼睛有点儿精神。如果，按追星族的眼光，朱元璋是不太可能积聚人气。

那时由于凤阳天灾人祸，造成严重饥荒，朱元璋为了吃饱饭，就和邓愈、汤和、花云等加入明教公司，揭竿而起，造了大元王朝的反。

应该说，朱元璋开始也没有什么远大理想，就是为了吃饱饭才造反的。明教公司 CEO 以下有左右护法、四大法王、五大散人等高级管理人员，还有五行旗负责人等中坚力量，这个时期的朱元璋，充其量只是明教公司的一个小头目，离管理层的距离还很远。

明教公司因为价值观的问题，和其他各大公司门派纷争不断，管理层在新任 CEO 张无忌的带领下，每天投入巨大精力，和其他公司门派谈谈打打，化解纠纷。而朱元璋这些下层员工则扛着明教公司的旗帜，招兵买马，势力日渐壮大，常遇春、徐达这些明教公司的基层骨干慢慢地也成了朱元璋的死党。时代的大潮把朱元璋推到了领导者的位置，顺理成章地成为龙头老大。

终于有一天，羽翼已成的朱元璋向明教公司的 CEO 张无忌最后摊牌。而此时的张无忌一方面和赵敏、周芷若陷入剪不断、理还乱的情感纠葛，没有心思来争夺明教公司的实际控制权，可谓是不爱江山爱美人；另一方面，更重要的原因是张无忌也发现朱元璋深受基层员工的拥护，如果他硬要凭着自己的九阳神功和乾坤大挪移这些大杀器强行搞暗杀行动，有可能会瓦解明教公司的基层势力，破坏明教公司蓬勃发展的大好局面。

几经权衡，张无忌悄然离去。

朱元璋的成功逆袭，关键是他能够从基层一步一个脚印，逐步建立自己的势力网络基本盘。

身在职场，有些年轻人总是觉得基层的一线工作千头万绪，服务对象质量参差不齐，众口难调，干事很难让大家都满意，经常会吃力不讨好。而且，上面领导下达各条线任务的时候，往往不问下面的具体情况，只问结果不问过程，如果工作拖了后腿，就是批评、追责、处分。还有，基层员工起点低，很难出成绩，不容易接上天线，晋升空间也小，所以很多人一到基层就躺平，反正已经在地板上了，最糟也就这样了。

不过，基层千难万难，有一条却是在高层工作所不具备的，那就是身在基层，可以更好地汲取养分，更好地构建自己的势力脉络。就像沙漠里的沙棘，高度不到 2 米，地上枝叶看似一把伞，地下的根系却是布了一张网，虽然深处高温的干旱环境中，还有可怕的沙尘暴，沙棘照样生气蓬勃，构建了自己的生态圈，要想在沙漠里形成绿洲，舍我其谁呢？

正所谓“宰相必起于州部，猛将必发于卒伍”，扎根基层的员工更知道服务对象的需求是什么。所以，基层员工的工作方法更接地气，更容易唤起群众共鸣，更能锻炼、提升自己的工作水平和能力，还能结交一批志同道合的盟友。身在职场，如果会干事、盟友多、能摆平，就会受到方方面面的喜欢，也就拥有更多的流量和粉丝。有时，在承担一些急难险重的任务时，就会无可替代、非他莫属了。

而张无忌虽然拥有九阳神功和乾坤大挪移这些大杀器，但他毕竟属于空降型领导，在恶劣复杂的条件下，他的斗争经验不足。更重要的是，他没有和基层服务对象深度接触，不知民间疾苦，还经常沉溺于卿卿我我的风花雪月之中。张无忌就像生长在热带雨林的面包树，形象看似高大雄伟，根系却浅，他遇上了朱元璋这个基层实力派，被篡位夺权而无法抗衡，最后黯然离去也就不足为奇了。

2013 年，鹿城的农商银行抓住政策的窗口期，针对当时贵州偏远农村的金融信贷服务不足、国有银行网点过少等问题，在贵州成立了村镇富民银行，延伸富民普惠的枝脉。

贵州村镇富民银行在成立之初，就明确服务对象就是偏远农村的农牧民、手工业者和个体工商户等国有大银行覆盖不到的群体。虽然贵州农村山高路远，服务对象分散，但贵州村镇富民银行的一帮年轻人凭着满腔的热血，走村串户，排摸调查村民的金融信贷需求，并及时利用现代的信息网络手段提供现场服务。他们的服务从来不看菜下饭，不歧视农村小客户，最小的一笔信用贷款甚至只有2000元。这一笔笔业务虽然微小，但是整个贵州的村镇市场却是巨大的。近十年以来，贵州村镇富民银行共发展客户25万多户，信贷规模达到260亿元。而且，他们还积极参与贵州当地的公益事业，贵州村镇富民银行被贵州省授予“贵州省脱贫攻坚先进集体”的荣誉称号。

可以说，贵州村镇富民银行进入贵州的十年来，既收获了政府授予的一块块奖杯，更收获了群众们纷纷点赞的口碑，还把浙江金融银行系统扎根基层、服务基层的好作风带到了贵州，对当地的金融银行生态系统起到了“鲇鱼效应”，让当地的百姓群众享受到了更好的金融信贷服务。最近，在全国各地出现的“停贷潮”风波中，贵州村镇富民银行由于没做房屋按揭贷款业务，所以各项业务仍是健康平稳发展。农村的山水很养人，乡村的百姓更讲信用，2017年至2022年，贵州村镇富民银行虽然信贷数量很多，但坏账率不到1.6%，远远低于同行水平，信贷规模也跃居于全国村镇银行前列。

正新食品在创始之初，针对肯德基、麦当劳等洋快餐价格较高、只服务于大中城市消费群体的特点，正新的创业团队积极谋划布局全国城乡市场，提出了“花20块钱吃饱吃好”的口号。

2000年，在浙江的一个县城——瑞安开出首家正新品牌店以来，经过20多年的深耕细作，正新门店已遍布全国，城市、农村、社区、街巷都可看到。目前正新已有门店两万多家，可谓人气爆棚，远远超过了那些洋快餐在中国的门店数。

正新为了保证产品的配送质量和口感的一致性，又在全国各地建立了多个产品配送分中心，组建了“圆规物流”配送系统，确保服务优质，回馈正新的忠实消费者。眼下，正新又制定了“十万家门店，千亿销售流量”的中远期发展目标。或许不久的将来，正新将会成为全球快餐食品中的王者。

如果领导安排你到基层工作，这可能不是你心中理想的选择。但只要你不躺平，精心谋划，多交朋友，好好干活，提升能力，和服务对象打成一片，扎根基层，汲取养分，一路不断提升自我，相信你一定会打下自己的一片天地。

艺多不压身

俏黄蓉的成功秘诀

黄蓉，金庸江湖中的全能型人才。她既有不可方物的容貌、傲视他人的才华，也有让人过嘴不忘的厨艺，更有一个绝顶机智的脑袋，是个人见人爱、花见花开、车见车载的实力派美女。她还是一个真正的“富二代”，父亲是当时世界五百强排名前五的独资公司，人称“东邪”黄药师，一家人就坐拥了一座风光秀美的桃花岛，海景房想开发多少就可以建多少。按理说，黄蓉这个靠家庭背景就可以过好日子的“白富美”，要风得风，要雨得雨，就算每天喝喝茶、晒晒朋友圈、刷刷抖音，不用努力都能一辈子锦衣玉食。但是她却偏偏要靠自己的才华去闯荡职场江湖，打下自己的一片天。

黄蓉一路走来，闯过了不少沟沟坎坎。她不仅成了当时规模庞大的丐帮公司CEO洪七公的学生，还年纪轻轻就接过洪七公的衣钵，成为这个大集团公司的第十九任CEO。要知道，以女性身份担任这个公司老大的，黄蓉是第一人。她如果没有与常人

> **金庸人物注解**
>
> **黄药师**：《射雕英雄传》和《神雕侠侣》中的人物，号称“东邪”，黄蓉之父，桃花岛岛主，亦是桃花岛武学创始人。他武功非凡，还上通天文、下通地理，五行八卦、奇门遁甲、琴棋书画，甚至农田水利、经济兵略等亦无一不晓、无一不精。他漠视“传统礼教”，个性离经叛道，狂傲不羁，性情孤僻，行动怪异，有如鬼魅。
>
> **一灯大师**：段智兴，《射雕英雄传》和《神雕侠侣》中的人物，是大理国的皇帝，称为“南

帝”。他以大理的“一阳指”自成一派，武学修为登峰造极，是“天下五绝”之一。昔年王重阳为防自己死后无人能阻欧阳锋，他来到大理用先天功交换段智兴的一阳指。却不料与王重阳同来的老顽童和段智兴深爱的妃子刘瑛有染，并诞下私生子。后来裘千仞为逼段智兴救人，重伤刘瑛的私生子，段智兴因大吃干醋未救刘瑛的私生子而致其死亡。他因心怀愧疚，万念俱灰之下出家为僧，法号“一灯”。

渔樵耕读：《射雕英雄传》中人物，“南帝”段智兴有“渔樵耕读”四位弟子，分别是点苍渔隐、樵子、武三通和朱子柳。

鲁有脚：《射雕英雄传》与《神雕侠侣》中的人物，原丐帮四大长老之一，属污衣派，继黄蓉之后出任丐帮帮主，最后死在蒙古王子霍都手中。

不同的超级本领和强大的气场，恐怕无法驾驭人才济济的公司团队。那么，俏黄蓉是如何在职场竞争中脱颖而出，成为女强人的呢？

关键的一点，黄蓉是出了名的多才多艺，这些才艺让她行走江湖时机遇多多，收获多多。我们看一下黄蓉的才艺信息表：精通父亲传授的桃花岛武学、术数之学、五行八卦阵和奇门遁甲之术，精通琴棋书画、诗词歌赋，会哑语，连厨艺也很了得。就连退了休的老校长一灯大师，也对她的慧根赞赏有加。有一次，黄蓉受了伤，只有找一灯大师才可疗伤。但偏偏，这南帝的门人渔樵耕读四大徒弟不肯相让，非要跟黄蓉比试比试，过关了才放行。就是这一战，让我们充分看到了黄蓉的才华，她不仅见多识广，而且足智多谋：以“鱼”换“渔”过渔夫这关；料定人心，改动小曲儿得樵夫善待；略施计谋，骗得农夫自己托住巨石；碰上真正认死理的书生，她便遇强则强，猜谜、对下联，破三题。其实黄蓉没有对方读书多，但书是死的，人是活的，黄蓉胜在活读书，应变力强。书生读了几十年《论语》，都没弄懂孔大圣人旗下有多少个是成年人，有多少个是未成年人，但黄蓉却妙语解读，令书生一时无法驳辩，这没有急智，可还真不行。

黄蓉的智商没人会否认，满满一脑袋都是神机妙算的计谋。但其实最令人佩服的还是她的高情商。事实上，身在职场，想当领导的人必须有相当高的情商。情商高，上能维系领导，下能团结、协调员工。因为情商高，才懂得以情动人、以情“绑”人，留得住那些团队亟需的优秀人才，更容易使得员工心存感恩。黄蓉的情商高，高在她对同事的信任和真诚以待，这点可以去问鲁有脚等人。黄蓉的情商高，还表现在她善于揣摩领导心思，观察入微，注重细节。比如她请洪七公传授郭靖和自己武功绝学——降龙十八掌、打狗棒法，遭到婉拒后，她迅速领会到领导是假生气，在听到树叶有“轻微的响声”，确认洪七公已折返并躲在树上时，她就与郭靖演了一出戏，让领导知晓他们二人对其的崇拜和尊重。她知道“千穿万穿唯有马屁不穿”，像洪七公这样不可一世的领导，世上再没有什么语言可以胜过父亲黄老邪对他的“恭维”了。于是，她假传父亲褒扬洪七公的好话，使洪七公听后无比受用。这马屁拍得，合情合理又得体大方。

不仅如此，黄蓉还善于抓住领导的弱点，迎合领导的口味，充分发挥烹饪绝技。虽然她连洪七公的面儿都没见过，但却凭着自己超强的观察力，认出了那个穿得穷酸破烂的老乞丐就是前辈高人洪七公，而且从他的言行中迅速判断出他最大的爱好就是吃。她投其所好，用“叫化鸡”“熏甜鸡腿”“八宝肥鸭”“银丝卷”……等美食来吊住洪七公的胃口。

洪七公：《射雕英雄传》、《神雕侠侣》中的人物，号称“北丐”，武功登峰造极，是“天下五绝”之一。他的正式徒弟只有郭靖和黄蓉二人。洪七公是丐帮帮主，为人正义且机智，生性贪吃，曾经因贪吃误事，自断其右手食指，故也被称为“九指神丐”。洪七公和蔼正义，具有一切正派人物所应具有的优点，其独门武学为“打狗棒法”和“降龙十八掌”。晚年，他与欧阳锋在华山比武后笑然离世。

郭靖：《射雕英雄传》和《神雕侠侣》中的人物。他融合“九阴真经”“降龙十八掌”和“左右互搏术”三大盖世武功为一体。在第三次华山论剑时，他获得“北侠”称号，为新五绝之一。他生性单纯刚直，重孝义、勤奋、爱国，具备一切金庸笔下最模范的侠义精神。后来，他率领武林群雄守护着南宋襄阳城的前线边境。

欧阳锋：《射雕英雄传》中的人物，绰号“西毒”，是“天下五绝”之一，因逆练郭靖乱改的《九阴真经》而疯。他曾收杨康和穆念慈的儿子杨过为义子。后来，他与洪七公在华山比武时恢复记忆，两人大笑，互相拥抱而逝。

穆念慈：《射雕英雄传》中的人物，幼年时父母死于瘟疫，她遇到落难的杨康之父杨铁心，被杨铁心收为义女，更名穆念慈。洪七公曾传授她武艺。一次街头比武上，她钟情杨康，在杨康死后，穆念慈产下遗腹子杨过。

而她那祖传的“兰花拂穴手”能把豆腐捏成球形的绝技，更入了名师的法眼！穆念慈用自己的厨艺留住了洪七公三天，而黄蓉则靠着自己的厨艺留了洪七公整整三十天。像蒸豆腐“二十四桥明月夜”，一碗五味的炙牛条制成的“玉笛谁家听落梅”、荷叶笋尖樱桃斑鸠熬成的“好逑汤”等，光是听名字都让人垂涎三尺了，如此情趣岂是穆念慈等辈所能想出来的？所以，你各方面的知识懂得越多，你的机会也会成倍增长。

除此之外，黄蓉最突出的是她的机智。事到临头，火烧眉毛，别人都抓瞎了，她却能见机行事，扭转乾坤。郭靖和黄蓉在落入荒岛时，面对突然降临的灾祸，郭靖只会暴跳如雷，猛踢树干，连欧阳锋叔侄和洪七公这样的老江湖也毫无主张。但是黄蓉却灵机一动，要用大树来做弹弓；又异想天开，要把自己当炮弹发射出去；在割木筏绳索的瞬间还略施小计，玩了欧阳锋一把。她对事物的触类旁通和创造能力也是无人能及的。她连施三计擒拿欧阳锋，或被逃脱，或被自己情郎郭靖按原先约定“赦免”。虽然她感到无奈，但她却从欧阳锋的逃脱中得到启示，火速成立了世界史上第一支空降伞兵，成功破了花刺子模国。

所谓艺多不压身，黄蓉的多能才艺让她在生活中潇洒自如、在工作中淡定从容，成为了事业和家庭兼顾型的好榜样。现实中，可能有些职场人士会觉得黄蓉出身好、机遇多，而自己读书没那么灵活限制了才艺的发展，工作以后被琐碎的事务捆绑，根本没有时间去提升自己。其实，工作忙、没时间、少机遇都是一个人内心想躺平的借口，在这方面，毅冰给了大家很好的启示。

据外贸人毅冰在著作《所有的付出，都会以另一种方式回报》里自述，他在大学毕业以后从事外贸工作，他觉得做外贸光懂一门英语不够，就在业余时间自学了德语和法语。经过几年积累和努力，毅冰就从普通业务员成长为业务经理、部门经理，后来再自己创办了外贸公司。从 2011 年开始，毅冰还开始写书，目前已经写了十余本畅销书，他还要做外贸类的在线教育课程，同时保持着高质量的公众号文章更新，还不断维持着庞大的阅读量。

毅冰把坐动车、飞机、候车候机的时间都充分利用起来，阅读、思考。勤奋加上时间的有效管理，从而他能够应付自如。十几年时间强大的积累，让毅冰成为了外贸界的全方位人才。

没有人的生活一直都是岁月静好，而是自己不断咬紧牙关慢慢积累，静待展示自己才华的刹那。

细节就是差距

苗人凤的破绽

苗人凤和胡一刀的比试，是一场棋逢对手、旗鼓相当的战斗。当事人之一苗人凤的女儿苗若兰是这么描述的：

爹爹跟胡伯伯一连比了四天，两人越打越投契，谁也不愿伤了对方。到了第五天，胡伯母瞧出爹爹背后的破绽，一声咳嗽，胡伯伯使出八方藏刀式，将我爹爹制住……当时胡伯伯抢了先，爹爹只好束手待毙。这时，胡伯伯突然向后跃开，说："苗兄，我有一事不解。"爹爹说道："是我输了，你要问什么事？"

胡伯伯道："你这剑法反复数千招，绝没半点儿破绽，为什么在使提撩剑白鹤舒翅这一招之前，背上却要微微一耸，以致给内人看破？"爹爹叹道："先父教我剑法之时，极其严格。在我十一岁那年，先父正教到这招时，我背上忽有蚤子咬我，我不敢伸手搔痒，只好耸动背脊，想把蚤子赶开，但越耸越痒，难受至极。先父看到我的怪样，说我学剑不用心，狠狠打了我一顿。这件事我深印脑海，自此以后，每当使到这一招，我背上虽然不痒，却也习惯成自然，总是耸上一耸。"

苗人凤号称"打败天下无敌手"，和胡一刀连续比试四天，也是胜负难分，但就是一个小习惯成了他的破绽。高手过招，眼光精准，一个小小的破绽，就会被撕开一道口子，成为失败的大漏斗。

在职场，成就辉煌是每个人的梦想，但这辉煌是由无数个体事件构成的，甚至是一些琐碎的重复。把这些繁琐事务做好了，效果不一定能明显体现。像苗人凤约架了大半辈子，如果没碰到胡一刀这样的大高手就不会被看出破绽；但倘若这繁杂事务处理得稍有不慎，一旦碰到大高手，就高下立判。

当下的职场，每一个行业都挤满了竞争对手，每个岗位都有无数个备胎。如何在这充满内卷的激烈竞争中处于不败之地，是我们每一个人都要面对的问题。如果把看似简单的事做到极致，自己成为“卷王”，也就有可能杀出一条血路。

美国石油大王洛克菲勒年轻的时候是石油工地的电焊工，他每天的工作都是机械重复，枯燥繁琐，毫无挑战性。这样的工作，对年轻人来说简直是噩梦。洛克菲勒也曾想过离开，但他在遭到主管的嘲笑后，最终还是决定留了下来。后来，他在日复一日枯燥的焊接工作中发现，如果操作得当的话，仅用 38 滴焊接剂就可以焊接一个石油罐盖，这比原来的操作流程规定的 39 滴焊接剂要节省一些。找到了缺口，就要付诸务实的行动，努力开辟成功的通道。针对原来的 39 滴电焊机，年轻的洛克菲勒经过艰苦研究，终于研制出了 38 滴电焊机，每年可以为老板省下数千万元。一滴焊接剂，让他从平凡中迅速脱颖而出。

从根本上说，做好细节，还要体现出人文关怀。你的产品、你的服务都得让人感到细致入微、妥帖舒服。而严格把控产品的细节问题，可以促使整个团队形成一种理念——把服务做到极致；再经过长期的坚持，当“关注细节”成为了公司内部员工的自觉行动，对外则会形成独特的品牌力和影响力，从而赢得更多的拥趸和市场份额。这样，即使你的产品和服务价格略高于同类产品，但大家仍会喜欢你的产品。

做好细节，应当成为每一个职场人士追求成功所必须保持的理念。身在职场，每天接触各色人等，你的打扮穿着、言行举止、待人接物等等细节，无不反应着一个人的素质和涵养。久而久之，这就会慢慢形成你在职场的口碑。如何把细节做好，并没有一个完善、统一的标准答案。不过让人感觉到舒服，不多不少刚刚好，可能是对一个职场人士做好细节的最好评价。

做好细节，更应当成为一个团队的追求。英格兰的查理三世，因为一个马蹄铁钉而在一场战争中惨败，也因此丢了自己的生命，就是因为他的团队在细节执行上，没能做到精益求精而导致的结果。

因此，一个企业在制定战略规划的时候，必须把“执行”摆到同等重要的位置。“大处着眼、小处着手”，与魔鬼在细节上较量，把追求完美的心态转化为每个员工自觉的行动；把宏观管理要求的“面”，切实落到最终执行人的“点”上，让流程细致化、具体化、规范化、制度化、责任化、常态化，从而才能把每个产品都做成精品。

润新机械公司创办于2000年，20多年以来专注于水处理系统多能控制阀的研究制造。由于刚开始该系列产品在国内没有标准，该企业就自加压力，采用当时世界上最先进的美国NSF标准，并和美国NSF认证机构取得联系，获得相关检测标准。进行NSF认证是一项花费大、耗时长的浩大工程，不仅要求产品本身的质量过硬，而且还有溯源要求，要对原材料采购、生产现场和管理流程进行改进。润新机械公司迎难而上，搭建了产品溯源体系，成立企业检测中心，让每一个产品从原材料到成品，都有严格的指标和检测手段，确保产品的安全性和可靠性。正是这么规范细致的执行要求，让润新机械的系列产品不但成功实现了进口替代，还远销包括欧美在内的 120 多个国家，在世界舞台上大放异彩。

把细节做好是很难，但如果平时在细节方面不做好关注和把控，一旦错误的细节习惯没能及时纠正，一经定型，再来改变才是难上加难。苗人凤虽被胡一刀指出缺点，但这从小养成的习惯和破绽还是没能改正。二十多年以后，他碰到了胡一刀的儿子胡斐，二人在激烈较量时，他又被胡斐抓到了同样的破绽，当然这是后话了。

处事不能情绪化

郭芙为啥让人不待见

金庸人物注解

郭芙：《神雕侠侣》中的人物，郭靖、黄蓉的长女，东邪黄药师的外孙女，桃花岛第三代继承人。和杨过从幼时结识，可以说是青梅竹马。她受外公黄药师珍视，得父亲郭靖信任，与黄蓉母女情深，合称“芙蓉”。她出生于桃花岛，幼时随父母至嘉兴，施救武氏兄弟和杨过等人；少年时随父母至大胜关，因缘巧合正面对峙西毒传人杨过和小龙女，以及各大反派等人；青年后镇守襄阳，嫁全真派周伯通传人耶律齐为妻。

郭芙出生在一个豪门家族。

郭芙的父亲郭靖当时已是名满天下的职场大咖，业务能力跻身前列，有资格拿到世人瞩目的华山论剑的高端门票。而且郭靖的背后，还有江南七怪、全真七子、南帝北丐、老顽童等名门大家的人脉资源。

郭芙的母亲黄蓉，是当时江湖职场有名的玲珑心机女，她师从北丐洪七公，修习了打狗棒法这套程序后，接过洪七公的衣钵，出任天下第一大集团——丐帮公司的CEO。要知道，丐帮公司是政府和社会机构竞相合作的世界五百强头部企业，黄蓉自然和方方面面的社会名流都有不错的交情。

郭芙的外公东邪黄药师，更是第一次华山论剑的座上宾，还独家开发并入住在风光秀丽的桃花岛景区。他有一个学生——陆乘风，是有名的归云庄集团的CEO。这个归云庄公司可是有名的钱袋子，郭靖、黄蓉组织的一些社会活动，都是陆乘风掏的腰包。

郭芙成长在这样的环境中，如果她的业务能力稍微过得去，待人处事也低调一点，那么，那些大公司门派便会开出优厚的条件，请她来加盟。如果她要自己创业，也根本不愁资金筹措、产品订单、物流安全等问题，谁不想巴结郭靖、黄蓉？谁又敢在背后惹他们的大公主呢？

郭芙长得“双眉弯弯，脸如白玉，颜若朝华……映得她更如粉妆玉琢一般”，可谓绝色。

可是，偏偏郭芙一路走来，各方人士都不待见她，如果不是看在她爹妈的面子上，很多人甚至都想抽郭芙的耳刮子。这到底是为什么呢？先来看看几件事。

有一次，郭芙的妹妹郭襄，正在和杨过、万兽山庄的史家兄弟还有西山一窟鬼正在欢聚，郭芙找上了门。本来，她挂念妹妹，来找妹妹也很正常，可当史家兄弟的老五史少捷问了一句“你找谁”，郭芙就不高兴，和史少捷动起手来。

当郭襄大叫：“姊姊，这几位都是朋友。”郭芙却大怒：“快跟我回去！谁识得你这些猪狗朋友？”

本来，行走职场，就要多交朋友少树敌。郭芙倒好，不分青红皂白，一股脑儿把万兽山庄、西山一窟鬼这些公司门派全得罪光了。如果不是看在杨过的面子上，这些天不怕地不怕的江湖人士，才不

陆乘风：《射雕英雄传》中的人物。东邪黄药师的徒儿，排行第四，上有师兄曲灵风、陈玄风，师姐梅超风，下有师弟武眠风、冯默风。因师兄师姐私奔并盗走师父的《九阴真经》，黄药师迁怒众徒弟，挑断他们的脚筋，并赶出桃花岛。后来陆乘风在太湖建造归云庄，生下一子陆冠英，掌管太湖群盗。

郭襄：《神雕侠侣》中的人物。郭靖、黄蓉的次女，郭襄的名字出于父母镇守襄阳的信念，双生弟弟是郭破虏。郭襄秀美豪迈，容貌有三分相似母亲黄蓉。因她处事兼得父母之风格，亦正亦邪，隐隐有外祖父黄药师的性子，姐姐郭芙称她“小东邪”。郭襄 16 岁时遇到杨过，杨过送她三枚承诺金针，并为她在襄阳城英雄大会中大办生日宴，使她终生难忘杨过。郭襄 18 岁离家出门游历，

一生追寻杨过未果。少林派觉远大师圆寂之际，背诵部分《九阳真经》上经文，郭襄、张君宝（张三丰）、无色各自默记了一部分，郭襄根据自己所记住的片段，自创了峨嵋九阳功。襄阳城破时，郭襄正身在外地，她的父母及弟弟壮烈殉国，她持倚天剑幸存。后来出家为尼，开创峨嵋派。

杨过：《神雕侠侣》中的人物，杨康与穆念慈之子，西毒欧阳锋的义子。名字为郭靖、黄蓉所取。小时候一出场就出手救助老弱妇孺，他是金庸笔下的“情侠”“道侠”，其人孤傲狂放，聪明机智，感情丰富，至情至性，满腔热血激愤，又号“西狂”。感情冲动，做的事连他自己也难控制。他身边有许多红颜知己钟情于他，而他却一心只爱小龙女，后与小龙女结为夫妇。他和郭家恩怨难分，数度因误会

管你父亲母亲是谁，肯定要狠狠羞辱一番郭芙才肯罢休。

还有，郭芙明明知道杨过几次救了郭靖、黄蓉还有她自己，可以说，杨过是她一家的恩人，郭芙应该要处处尊崇杨过才是。平时，郭芙也知道这样的道理，可是她就是把控不好自己的情绪，一旦火冒上来，什么涌泉之恩都抛诸脑后，先让自己的公主脾气要够了再说。

那次襄阳城中，郭芙因为一些儿女情长的琐事和杨过发生口角。杨过觉得自己堂堂正正，论理时没有顺着她的意思，郭芙竟然气急败坏一刀砍断了杨过的右臂。杨过这个风华正茂的大好青年，一下子成了残疾人。很多读者读到此处，都恨不得穿越进去，狠狠惩治她一番才能解气。

其实，郭芙总体上看不是什么坏人，她让人不待见的原因，主要是她太过情绪化、脾气大，动不动就大发雌威。本来没事，偏偏滋生出事端，好事也折腾成坏事，经常把局面弄得不可收拾。在别人看来，郭芙的修养太差，因此，没人愿意与她合作。

郭芙这样的缺点，就连她母亲黄蓉都很清楚“过儿聪明智慧……芙儿是草包，更加不用提”，这是黄蓉的内心独白。所以，郭靖和黄蓉后来把藏有重大秘密的倚天剑和屠龙刀，分别传给了郭襄和郭破虏，郭芙作为长女，什么事都没交代给她。

一个人有个性、有情绪很正常，但作为一个成年人，在职场上与人交往时一定要有修养、有风度。时刻管理好自己的情绪，绝对不能让自己失态。情绪控制，是职场的必修课。作为一个成年人，要要懂得对自己的言行举止负责，不能咋咋呼呼，像一个长不大的孩子。你的伤心、难过、悲痛、委屈等等，你只能在工作场合之外去与人倾诉，或自我疗伤，但无论如何不能把这些负面情绪带到工作中。

身在职场的岗位上，公司付给你相应的薪水，你就要提供相应的价值。领导、同事、客户与你交流，是希望听到你合理的意见，没有人需要对你的情绪负责，更没有人应该为你的坏情绪买单。

如果你无法控制自己的情绪，给人的印象是冲动、易怒、脾气难以捉摸和难以沟通，而且一不高兴就会随便炒老板的鱿鱼，那么你就是在向大家宣告——你是一颗定时炸弹，不知道什么时候就会被引爆。如此，公司肯定不会把重要的工作交给你，那么你也就与比较核心的岗位无缘了。因为，万一哪天你突然情绪失控，狂飙起来，可能会给公司造成重大损失。公司为了避免损失，就一定会让你边缘化。虽然你的心地不算坏，业务能力也还过得去，但也很难有所发展。

你可以对公司的决定表示不满，你可以不开心，但你只能心平气和地表达自己的意见。如果领导最

关系紧张，却始终挺身而出相助他们，解除嫌隙，化气为和。命运多舛，与小龙女分隔十六年里，随伴亦师亦友的神雕行侠仗义，惩恶扬善。江湖人称“神雕大侠”。等小龙女不至毅然跳崖殉情，在谷底与小龙女重逢后携手保卫襄阳城，杨过一展其旷世武学的威力，打败金轮法王，飞石击杀蒙古大汗，保大宋十三年和平。成为名扬天下的“神雕侠侣”。最后一次华山论剑后，与妻子小龙女绝迹江湖。

郭破虏：《神雕侠侣》中的人物，是郭靖与黄蓉的儿子。郭破虏一生跟随父母和姐姐们镇守襄阳，元军攻破襄阳时，随父母一起壮烈殉国。

终还是没接受你的意见，你必须无条件地去执行上级意见，而不能甩脸色给人看。请记住，公司不是你的家，老板、同事不是你的父母、兄弟姐妹，没有人愿意听你的唠叨，也没有人在意你的情绪好坏。工作中，没有人欠你什么，大家没有心情、也没有义务来忍受你的坏情绪。

曾经，有个年轻人三十岁不到，就已经担任了一个乡的副书记。有一次开党委会，书记和乡长两人因为一件小事争论不休，会议从下午 2 点开到 6 点 30 还没结果。由于这位副书记家中有事，内心焦急不已，他一下子没能控制好情绪，一怒之下踢翻了桌子扬长而去，参会人员顿时目瞪口呆。后来，这个年轻的副书记在别人眼里就成了怪物，他的发展前景黯淡下来。

生活中，每一个人都有自己难念的经，每一个人都有自己面临的压力，每一个人都有自己的辛酸和委屈，可能都需要宣泄和释放。但你要记住，这个宣泄和释放的场合一定不是工作单位。

林则徐年轻的时候，他才华横溢、才思敏捷，但却是个炮筒子脾气。如果三言两语不和，他就会和对方怼上，经常弄得对方下不来台。

有一次，林则徐的父亲以案说法，狠狠批评了他。这一次，他听进去了，就写了“制怒”两个字，挂在书房。不管他工作如何变动，这幅字一直带在身边，时时刻刻使他警醒。在自我约束下，他的个人修养慢慢得到提升。

虎门销烟以后，时任大清王朝 CEO——道光听信谗言，要对林则徐革职查办，当文件送到林则徐面前时，他仍能够波澜不惊，有条不紊地办理了交接手续，再慢慢离开。这种淡定和气度，早非昔日的

“林大炮”了。

一个人控制不好情绪，关键一点是太在乎自己，觉得自己都是正确的。假如领导否决了你的意见，同事不认可你的意见，你就感到别人都不重视你，觉得自己的面子下不来，因此而发火。其实，这时候，你要认真分析别人否定你的理由，如果有道理，你要虚心接受；万一你还是认为自己是对的，那就回家再想，不急于马上和别人争论是非。冲动是魔鬼，一个人就算再不高兴，也要学会深呼吸，沉住气，再大、再难的问题，都可以三思后行，然后找到答案。

还有，身在职场，平时你要注意观察。领导、同事之间多交流，多了解他们的工作方式方法、思维模式和性格偏好等，这样，当你听到不符合你脾气口味的话，你就会正确看待。比如，有的人嘴巴就是大喇叭，平时也是刀子嘴豆腐心，嘴上对你严厉，内心还是真心希望你好。这种人严厉地说你几句，你的脾气耐受力就会变高，不会和他一般见识。学会和各种各样的人相处，也是提升个人修养的重要一环。

另外，学会热点问题冷处理。有时很多焦点事件汇集起来，你一下子理不出头绪，压力逼迫之下，你可能会情绪失控。在这种情况下，你不妨先把这些破事放在一边，让子弹先飞一会。有时随着时间的推移，有的问题会迎刃而解。如果还是不行，那么一时的躺平，也会比你情绪失控突然爆发的结果要好得多。因为，恼羞成怒冲动时的出言不逊，会把所有人变到你的对立面。

让老板放心最重要

假如韦家也演职场宫斗剧

金庸人物注解

方怡：《鹿鼎记》中的人物。她是当年明朝沐王府中刘白方苏四大家将中方氏的后人。曾经假扮吴三桂的手下入宫行刺，受伤后被韦小宝救下。开始她心高气傲，不把韦小宝放在眼里，直到韦小宝救下了刘一舟等人，才对他另眼相看。后来她被神龙教抓住，并被迫服下豹胎易筋丸，受制于苏荃，不得不欺骗韦小宝，最后明白真相的韦小宝原谅了她。方怡也是韦小宝七位夫人之一。

刘一舟：《鹿鼎记》中的人物。方怡的师兄，

韦小宝年纪轻轻就辞职，在七位夫人的陪伴下，过起了隐居生活。假如他要下海，创办韦氏公司，他的七位夫人如果作为管理层员工，那么她们的职位会怎么安排呢？

方怡，原是云南沐王府的普通员工，长得“眉清目秀，容貌甚美”。她一开始根本看不起韦小宝，她心里还有一个初恋情人刘一舟。方怡在扬州丽春院里，方怡虽被韦小宝生米煮成熟饭，但还是坚决离开了韦小宝。后来，她所在的团队覆灭，无奈之下她也就只能跟着韦小宝上了通吃岛。她的特点是嘴巴甜，烹饪技术也不错。在逃难的船上，虽然食材不丰富，她也能做出一桌好菜，韦小宝和其他几位夫人“吃得赞声不绝”。她的硬伤是曾被她原来的领导神龙教公司 CEO 洪安通洪教主指派，忽悠过韦小宝多次，甚至有一次害得韦小宝差点丢掉性命。韦小宝一想起她“诸多做作，海船上种种甜言蜜语，全是假意”，心里难免忿忿不平。

针对这类忠诚度不够的员工，虽然后来也做过诚恳检讨，但领导心里仍会心存嫌隙，一般不会安排其到核心岗位。可她嘴巴甜，能把鬼机灵的韦小宝忽悠进圈套，这可不是一般人所具备的能力。所以，可以安排方怡担任客服公关一类的职位。很多人可能会因为她的甜言蜜语关注韦氏公司，从而增加公司的流量。但这个职位属于外围岗位，无重要性可言，一旦公司经营困难，像方怡这类员工就有可能被第一批裁员。

阿珂，李自成和陈圆圆的女儿。韦小宝在少林寺当康熙替身出家的时候，第一次见到阿珂，“不由得心中突地一跳……目瞪口呆”。在扬州丽春院，韦小宝手下的员工也一致认为，众多佳人之中，阿珂最为漂亮。所以，韦小宝一直对阿珂死缠烂打，还通过黑道白道，多次设局抹黑阿珂的初恋情人郑克塽，追求手段简直无所不用其极。但阿珂始终不为所动，在不堪其扰的情况下，甚至几次要出手除掉韦小宝。她在扬州丽春院虽然被韦小宝霸王硬上弓欺负了，但她仍然决绝地跟随郑克塽而去。无奈腹中有了韦小宝的孩子，阿珂也只能奉子成婚，跟着韦小宝上了通吃岛。阿珂颜值虽高，但她身上有着一般女孩子的通病——爱慕虚荣。郑克塽虽“面目俊美”，阿珂的老师九难一眼就看出他是绣花枕头，阿珂却因为他的外貌谈吐而对他一见钟情，和郑克

沐王府的人，后来刘一舟向吴三桂告密韦小宝是天地会的人，反被韦小宝倒打一耙，最后被吴三桂派出的杀手所杀。

洪安通：《鹿鼎记》中的人物。神龙教的教主，苏荃之夫，是江湖中数一数二的高手。洪安通野心勃勃，意图夺取《四十二章经》称雄天下，还曾与盘踞雅克萨的沙俄军官勾结。他喜欢听教徒的奉承，要教徒参见他祝他“仙福永享，寿与天齐”。后因教徒背叛，惨死于神龙岛。

沐剑屏：《鹿鼎记》中的人物。云南沐王府的小郡主，明朝开国大将沐英的后代，祖籍安徽凤阳定远，韦小宝的妻子。她年轻、可爱、清秀、天真纯洁、善良高贵、情窦初开，是第一个进入韦小宝生活之中的少女。沐剑屏与韦小宝结识得最早，天地会

的钱老本打算将她送进皇宫，是要与沐王府过不去，却没想到成就了韦小宝的一番姻缘。韦小宝称其为小老婆。在韦小宝所有的女朋友或妻子之中，沐剑屏是最为天真纯洁的一个，对世间风尘则又是一尘不染。

苏荃:《鹿鼎记》中的人物。她艳丽无匹，美貌之极。小说最初为神龙教教主洪安通之妻，她是被洪安通强抢到神龙岛作夫人的，因而并不心甘情愿待在洪安通身边，直至机缘巧合在丽春院一事后怀了韦小宝的孩子，改变了她的命运。后来神龙教覆灭，苏荃被小宝舍命相救，她逐渐意识到小宝对她的好而爱上了他，最终成为韦小宝七位夫人之一。苏荃在七女中年龄最大，武功最高，美貌仅次于阿珂，颇有魄力和智慧。她与韦小宝育有一子韦铜锤。

塽在一起时就“神情欢喜”“容光焕发”。

一般来说，针对阿珂这样洞察力不深，颜值超高的员工，可以安排她担任韦氏公司的品牌代言人。她一出场，光彩夺目，消费群体对韦氏公司的关注度就会增加。如果包装宣传到位，可以将其打造成一位不错的“吸粉机”。但是，品牌代言人不是核心岗位，阿珂在公司的话语权不会很大。

沐剑屏，云南沐王府的小郡主。她气质高贵，和韦小宝在宫中相识，长得“眉淡睫长，嘴小鼻挺，容颜着实秀丽”。韦小宝听着她银铃般的笑声，就心旷神怡。她心地单纯，韦小宝用小刀在她脸上虚划了几下，骗她说在她脸上已经刻了乌龟，她竟然傻傻地就相信了，还说呆在宫里不出去，脸上有乌龟太难看。她年纪相对较小，见识不广，看到韦小宝能轻松潇洒地纵横捭阖于各大公司、门派山头之间，慢慢对他产生了崇拜和依赖。扬州丽春院一场闹剧后，她就一心留在了韦小宝身边。这种毫无心机的傻白甜女孩，容易上当受骗，适合安排的职位不多。鉴于她对领导的欣赏和崇拜，一般可以安排在领导身边，担任他的行政助理，安排领导的日常工作行程、电话转接、来宾迎候、登记等日常琐碎事务。虽然重要程度不是很高，但可能会或多或少掌握领导的意图。经过一段时间的工作历练，如果能力有所增强的话，可以有机会向核心岗位发展。

苏荃，原来是神龙教公司 CEO 洪教主的夫人。他们是典型的老夫少妻，洪教主“年纪甚老，白鬓垂胸，脸上都是伤疤皱纹，丑陋之极”，而洪夫人苏荃却是美貌少妇，她“微微一笑，媚态横生，艳丽无比”。韦小宝看她眼睛都看直了，觉得自己身旁所有妹妹姊姊都不如她。当然，这时他还没见到阿珂。苏荃不光颜值高，还非常能干。虽然加入神龙教公司不久，却通过一番运作，公司内青、白、黑、黄、红五支业务骨干团队都成了她的势力基本盘，而原来跟着洪教主打天下的老队员都慢慢被她边缘化。由于她在扬州丽春院也被韦小宝欺负后怀有怀孕，加之神龙教公司领导层在韦小宝巧舌如簧的挑拨下，发生内讧，洪教主等一大帮高管都同归于尽。于是，她也跟着韦小宝上了通吃岛。在通吃岛上，苏荃提前谋划布局，带领大家把船上的粮食等生活用品搬到岛上储存起来，再和大家动手建了茅草房，熬过了一段艰难的日子。有时，建宁公主倚仗着自己是金枝玉叶，对韦小宝和其他夫人出言不逊，也是苏荃出手管教，把她训得服服帖帖，乖乖地不敢做声，真的成了韦小宝的小媳妇。

苏荃颜值高，操作执行能力强，也有一定的管理能力，因此，可以担任韦氏公司的执行总监，虽然说不上是核心决策层，但在公司的执行层面话语权应该比较大。由于她曾经通过运作，让领导边缘

建宁公主:《鹿鼎记》中的人物。是主人公韦小宝的七位夫人之一，性格刁蛮、泼辣、胆大妄为。这位金枝玉叶的公主是一个有点心理变态的施虐狂兼受虐狂，常常是刚才还打得韦小宝鼻青脸肿，嘴歪眼斜，转瞬间就跪在地上大叫“桂贝勒”了。她身世可怜，母亲本是神龙教为了得到《四十二章经》而安排进宫的一个卧底——前明将领毛文龙之女毛东珠，而她生父在书中并未确切说明。

曾柔:《鹿鼎记》中的人物。她是前明遗留下的反清力量之一的王屋派弟子。人如其名，脸蛋微圆，相貌甚甜，温柔内敛，柔美可人。韦小宝的夫人之一。

康熙：历史人物，大清第四位皇帝。他 8 岁登基，14 岁亲政，在位 61 年。少年时挫败鳌拜专权，成年后，有平

化，因此，她进入绝对核心层的可能性不大。

曾柔，王屋派公司下面的小员工，“脸蛋微圆，相貌甚甜，一双大大的眼睛漆黑光亮”。她和她的团队在刺杀韦小宝时被抓获。由于韦小宝一下子喜欢上了她，就通过掷骰子故意放走了他们团队，曾柔向韦小宝讨走了决定他们命运的四枚骰子。山不转水转，他们后来又在通吃岛相遇，曾柔也成了韦小宝的夫人。岛上娱乐项目少，韦小宝想掷骰子玩玩，却苦于没有工具，只见曾柔摊开手掌，赫然是四枚骰子。原来这四枚骰子她一直贴身而带。曾柔是韦小宝七位夫人中出镜最少的角色，但这四枚骰子却让人看到了她的心机。在夫人团队里，颜值她不如阿珂、苏荃，出身不如小郡主，资源不如建宁公主，但她却能读懂领导的心，在关键时刻拿出领导喜欢的法宝，让领导韦小宝“一阵欢喜”。

一个团队，领导者的爱好决定着发展方向，也能左右下属员工的命运。曾柔贴身而带的四枚骰子像一根红线，让她在韦小宝心中占据了重要位置。能读懂领导，说明她有同理心，那也就会读懂市场各类消费群体爱好取向。而懂得在恰当时候出手，说明曾柔也很懂场景策划，这样的人才，在任何团队都应该予以重用。因此，安排曾柔担任策划营销总监，应该是人尽其用。她可以编制一系列韦氏公司经营理念、发展方向等脚本教材，让阿珂去做宣

定三藩、统一台湾、击败沙俄侵略等功绩。康熙也是《鹿鼎记》中的人物，虽然贵为皇帝，但向往江湖风光，把韦小宝视为替身，对他极为宠爱。

双儿：《鹿鼎记》中的人物，浙江湖州南浔人。重情重义，温柔善良，善解人意，乖巧聪慧，体贴贤惠，清秀可人，腼腆羞涩，诚实不欺，胸无城府，忠肝义胆，天真纯洁。每当韦小宝遇危难，双儿总奋力相救。

吴六奇：《鹿鼎记》中的人物，天地会洪顺堂红旗香主，卧底清廷，官至广东提督。他做人很有侠义之心，怕韦小宝看不起丫鬟双儿，就和双儿结拜为结义兄妹。后被归辛树的妻子归二娘、儿子归锺杀死。

传直播，为韦氏公司呐喊造势。曾柔的策划营销总监这个岗位是公司的核心岗位之一，她在决策层中话语权应该很大。

建宁公主，大清王朝公司 CEO 康熙的妹妹，“一张瓜子脸儿，薄薄的嘴唇，眉目灵动，颇有英气”。韦小宝初见她，也在心里说：“这小公主生得好俊！”由于从小缺乏管教，她性格刁蛮、胆大妄为，和韦小宝玩过家家的游戏时，竟然捆住韦小宝，在他身上割了好几个伤口，还放了盐，甚至用火点着了把韦小宝的头发，还美其名曰“诸葛亮火烧藤甲兵”，把韦小宝折腾得死去活来。康熙把她许配给云南平西王吴三桂的儿子吴应熊。去云南的路上，韦小宝白天担任赐婚史，晚上做驸马爷，好不惬意。她为了和韦小宝做长久夫妻，竟然把原配吴应熊阉割，可见建宁公主对韦小宝的用情不可谓不深。爱之深，管之严，韦小宝在她眼里必须闲人莫近，而韦小宝对她的怕远远多于爱。建宁公主刁蛮胡闹的个性，让她在韦小宝夫人团队群众基础不好，一旦她们之间有什么纷争，其余六人必定联盟对付公主。她后来为了取悦大家，性格收敛了不少。

由于建宁公主是韦小宝的大舅子康熙金口颁旨的第一夫人，韦氏公司的总经理这一职位非她莫属。而且，皇帝御妹金字招牌一亮相，要资源就有资源，要市场就有市场，轻轻松松就财源滚滚来。虽然，建宁公主经营能力不足，但有曾柔进行营销策划，苏荃负责对接操办，阿珂、方怡大力进行公关宣传，韦氏公司的事业一定越做越大。当然，建宁公主这个总经理应该只是个名义上的二把手，大花瓶一枚，在决策层话语权不会特别大，很多核心机密可能都会瞒着她。

双儿，庄家的小丫鬟。韦小宝替康熙干私活途中与其相遇，双儿外貌“一张雪白的脸庞，眉弯嘴小，笑靥如花”。庄家的男人们因为文字狱，被鳌拜屠杀。韦小宝阴差阳错之下，杀了鳌拜，于是他就成了庄家的大恩人。庄家三少奶奶就把双儿送给了他，让她服侍韦小宝一辈子。双儿虽然是个丫鬟，但也受过较好的家庭教育，斯文有礼。韦小宝行走在波谲云诡的江湖职场，一路上危机四伏，却每每能化险为夷，双儿的陪伴和保护功不可没。双儿几次用自己的身体去阻挡刀剑利器对韦小宝的伤害，在她心里，韦小宝的安危比她自己的生命更重要。天地会洪顺堂分公司的负责人吴六奇对双儿的做法十分欣赏，和她结拜成义兄妹，还提醒韦小宝不能欺负双儿。韦小宝虽然是见一个爱一个的花心大萝卜一枚，但在他的内心深处，仍然被双儿深深感动，双儿在他心中是尊崇和独特的。在康熙要对天地会公司进行炮轰团灭时，韦小宝念念不忘的是双儿这个“心头第一等要紧人”，这是他一次真情的内心独白。在雅克萨城，韦小宝地对双儿说：“在我心里，一千个中国公主，也比不上我的半个双儿。”这是韦小宝的肺腑之言，也奠定了双儿在韦氏公司中是当仁不让的一姐，其重要地位不可撼动。

就颜值、风情、才华等各方面而言，双儿在夫人团队根本算不上出色，但就忠诚度而言，其他人在她面前的差距就非常大。在通吃岛上，韦小宝假设自己自杀，推测和他一起殉情的人只有双儿。建宁公主肯定做不到，小郡主和曾柔有可能会殉情，其他几位就很难说。一开始，双儿作为丫鬟，保护韦小宝是她的事业，她一直恪尽职守，表明了她对事业的忠诚。而成为韦小宝夫人后，她从不倚仗韦小宝的宠爱参与争风吃醋，“温柔谦和，和六位夫人各个情谊甚好”。建宁公主的女儿取名韦双双，对她这个长辈其实不太尊重，但为了让家庭和睦，双儿也欣然接受，足以表明她对家庭的忠诚。

忠诚是一个人的秉性，也是一个人与生俱来的高贵气质。所有的颜值、才华、激情和资源在忠诚面前都将自惭形秽、黯然失色。对老板而言，他最需要的首先是忠诚，因为下属的忠诚可以给人以安全感。安全感是人最原始的需求。在虚与委蛇、尔虞我诈的职场，安全感更是最重要的需求。如果连生命都没有了，还怎么玩弄手段？因此，在韦氏公司，让老板完全放心、忠诚至上的双儿可以担任董事长秘书兼财务总监。既是老板韦小宝的代言人，又是资金的掌控者，绝对是决策层的核心。当然，双儿确确实实也干过这样的活，郑克塽欠款的血书字据，就是一直由双儿保管着呢。

第三章

另辟蹊径 积蓄能量

妥协 有时也是必然的选择

康熙违心批报告

金庸人物注解

鳌拜：历史人物。在清朝第三位皇帝顺治去世后，他接受遗诏成为顾命辅政大臣。他操握权柄、结党营私。鳌拜也是《鹿鼎记》中的人物，他被康熙和韦小宝设计制伏后，康熙就宣布亲政。

作为一个领导者，有时也很憋屈。下属的工作方案，明明对不上你的口味，甚至还掺杂了他自己的私货。但是，你虽然心里一百个不愿意，又不得不同意。因为，你还要进行多方面考虑平衡。

有一天，大清王朝公司执行总裁鳌拜向 CEO 康熙报告，大清王朝公司另一名高管苏克萨哈不服从上级命令，不和领导在思想上、行动上保持一致，并且还有其他二十四条重大错误和罪行。因此，必须要对苏克萨哈实行严厉制裁。

康熙八岁就当上大清王朝公司 CEO。由于岁数太小，他父亲顺治皇帝给他指定了四位执行总裁，规定在康熙不到十八岁之前，所有工作业务都由这四位执行总裁拿出具体方案，再一起商量着执行。鳌拜和苏克萨哈就是其中的两位。由于鳌拜志向远大，总想一个人说了算，而苏克萨哈因为在公司内部资格老，有一定影响力，成为了鳌拜要独断专行的重大障碍。因此，鳌拜就打报告，要求康熙对苏克萨哈一伙进行坚决地清除。

康熙虽然此时还只有十四岁，但他心里非常清楚鳌拜所说的苏克萨哈的错误和罪名，完全是莫须有、捕风捉影的无稽之谈。鳌拜这么做，一方面是出于私怨；另一方面，更是想要独揽大权。所以，康熙坚决反对鳌拜的提议，于是双方当场起了争执。鳌拜说到了激动的时候，甚至在康熙面前握着拳头挥舞，显得极其狂妄。幸亏韦小宝及时出现，狠狠呵斥鳌拜的无理行为，他才有所收敛。韦小宝的出现，让康熙有了冷静的间歇，也让他全盘思考了一下，最终违心地批准了鳌拜的报告。

康熙的妥协，在当时是无奈的选择。易地而处，我估摸着他主要有这么几方面的考虑：

一是力量对比，康熙处于弱势。鳌拜担任执行总监时间较久，具体工作事务都是他一手操办。他借机拉帮结伙，里里外外形成了巨大的势力，甚至康熙身边的保卫科工作人员也是鳌拜安排布置的。如果，康熙强顶着不批准，和鳌拜针尖对麦芒地干上了，万一哪天鳌拜狗急跳墙，突然宣布康熙这个 CEO 因健康原因去世，也不是没有可能。那样的话，康熙就满盘皆输了。

二是康熙的欲擒故纵。虽然清除了苏克萨哈，掣肘鳌拜的力量受到了削弱，表面上暂时让鳌拜占了上风。但是，随着鳌拜的优越意识逐步增强，他自认大清王朝公司自己才是第一位，康熙这个 CEO 也不过是摆设而已，从而产生麻痹心理。一个人心理上一旦麻痹，出错的概率就会增多，康熙就会有可乘之机。

三是康熙借机强化鳌拜的负面形象。鳌拜赤膊上阵，逼着康熙处置了同样是担任执行总监的苏克萨哈，鳌拜觉得自己大获全胜，实力地位无人可比。但在其他中立同事看来，鳌拜就是绝对的飞扬跋扈。鳌拜的存在，让大家的安全感大大降低。一旦有机会，所有人都会群起而攻之。而苏克萨哈派系的其他人员，更是会和鳌拜不共戴天，做梦也想把他拉下马。

在违心处理了苏克萨哈问题后，康熙进行了一系列运作。他表面上安排了一批小太监和他一起做运动、过家家，暗中实则是为了清除鳌拜搞预演。自视甚高、过于膨胀的鳌拜了解这个情况后，觉得康熙还是年幼贪玩，根本不加防备。哪知，在一次和康熙面对面讨论工作时，鳌拜被邀请和小太监一起过家家玩。一直以来的麻痹大意，让鳌拜在毫无防范的状态下被一举拿下。

鳌拜被拿下的消息刚宣布，关于他倒行逆施、为非作歹的报告、请示，像雪片一样飞上来。果不其然，原来大家以前对鳌拜的拥护，都是迫于鳌拜的淫威。既然鳌拜已被控制，那些申斥鳌拜罪行的报告请示，义正词严也好、落井下石也罢，亦或是违心凑数的，都在各个维度的舆论上为康熙清除鳌拜树立了非常正确的导向和氛围。康熙一次违心的妥协，加上关键时刻的果决最终获得了全面的胜利。

而在三国时代，公元 260 年的一天，身为魏国 CEO 的曹髦，实在无法忍受下属司马氏家族的专权，在自己没有掌握军队的情况下，就亲自扛着大刀，带着身边的保安、司机、清洁工等一批人，要去讨伐司马昭。结果连司马昭的面都没见到，年仅 19 岁的曹髦反倒被司马昭手下的成济干掉了。一时的意气用事，造就了曹髦的人生悲剧。如果，曹髦懂得妥协，表面继续维持对司马昭的尊重，哪天等他麻痹了，再对司马昭来个致命一击，或许，中国的历史因此也就改写了。

身在职场，常常需要做各种妥协，和上司妥协、和同事妥协、和合作伙伴妥协、和竞争对手妥协，甚至有时和下属也只能妥协。有的妥协是以退为进，争取时间空间玩排兵布阵，比如康熙对鳌拜的妥协；有的妥协则是暗中利益的交换等等。各种妥协都是为了让自己占据相对有利的位置，以便为下一步的运作腾挪争取更大的空间。

妥协是技术活，它不代表软弱和退让，而是避免矛盾迂回前进；妥协也是润滑剂，它能很好地保护你，使你免受伤害。核心的关键点是你如何有效地拿捏使用，从而让自己立于不败之地。

妥协需要智慧。身在职场，由于每个人阅历与地位不同，能力与格局的差距等等，经常因对某项工作解决处理的观点和方法不一致，而产生分歧。分歧产生后，就可能导致这项工作无法推进。那么，解决这些分歧是靠实力强的一方固执己见好，还是各方对自己的方案互相妥协、形成一致方案好呢？显然，答案是不言而喻的。妥协的过程，既是己方说服各方的过程，也是己方认真听取各方意见的过程。各种意见的交汇，各方都会在心中慢慢修正己方的意见，求同存异。经过各种意见充分阐述，最终兼顾了各方利益，集聚了各方智慧，相对合理的方案就会漫漫浮上水面。由于这个方案得到了各方的认同，在执行层面受到的阻力就会相对比较少，工作效率也就更高，从而也就可能皆大欢喜。这也是各方乐见其成的结果。

妥协更需要格局。在工作中，经常会有些人为了一些细节问题争得面红耳赤，甚至不欢而散。问他们为什么如此固执己见，他们嘴上总是说自己坚持原则，实则内心更多是为了自己的面子。自己说出去的意见，结果被别人否决，多没面子啊。还可能会想，我经常被否定，是不是以后大家都会觉得我好欺负呢？所以各种各样自私的想法造成了一些无原则的纷争，既不利于工作的推进，也有可能损伤团队里同事之间的和气。其实，世上很多事情没有绝对的泾渭分明，大部分处在灰色的中间地带。因此，在具体工作事务处理时，必须要有大格局。能够放下自己的固执己见，本着开放的眼光，充分听取吸收各种不同的意见和观点，即使委屈一下做出适当的妥协，你可能也会收获更多的尊重和敬意，更有利于你下一步事业的发展。

妥协也需要手段。即使在特定情况下，妥协也是要有原则和底线的，需要精准的眼光和合适的手段。

韩信替刘邦打工，工作业绩突出。他击破齐国之后，就借工作之名，打报告要求当代理齐王。当时，刘邦正被项羽打得焦头烂额，眼巴巴地等着韩信来支援，哪知道收到的是韩信要求升职的报告，这分明是要挟嘛。刘邦的气真是不打一处来。但是，刘邦之所以是刘邦，在于他的魄力和手段，他按捺住一肚子的火气，大度地对韩信的使者说："男子汉大丈夫，要当就当真齐王，当什么代理？"他大笔一挥，当即签发文件，任命韩信当了齐王。韩信就被这份文件一忽悠，就更加死心塌地地为刘邦集团公司打工了。结果，依靠才华出众的韩信，刘邦在楚汉争霸中击败了项羽。

了解历史的读者都知道，"狡兔死，走狗烹"，韩信最终也被刘邦、吕后收拾，任命韩信为齐王的文件当然也就作废了。你看看，刘邦玩妥协的手段有多高明了吧，那可是一种充分体现通权达变思想的生存和发展智慧。大凡在人性丛林中能游刃有余地行走的智者，都懂得在恰如其分地向别人妥协，或接受别人的妥协的重要性。毕竟，人的生存，靠的是长期的理性，而非一时的意气。

编好程序谁怕谁

看全真七子的“天罡北斗阵”

在第一次华山论剑夺魁之后，王重阳发现自己的学生——全真七子的个人业务能力远远跟不上自己，也远远不及东邪、西毒、南帝、北丐等业务高手。他担心盛名之下，今后到全真教公司挑场子的人会很多，如果自己一旦离世，全真教可能会因此而覆灭。为了应对可能的危机，中神通王重阳研究编排了“天罡北斗阵”这一套软件程序。

“天罡北斗阵”是全真七子集体御敌的阵法，“七人盘膝而坐，马钰位当天枢，谭处端位当天璇，刘处玄位当天玑，丘处机位当天权，四人组成斗魁；王处一位当玉衡，郝大通位当开阳，孙不二位当摇光，三人组成斗柄……全真七子集体御敌的阵法，迎敌时只出一掌，另一掌却搭在身旁之人身上。敌人来攻时，正面相对者不用出力招架，却由身旁同事侧击反攻，犹如一人身兼数人功力，的确威不可当……若是陷入‘天罡北斗阵’，除非将其中一人打到，否则决然无法逃出。阵中七人以静制动，击首

金庸人物注解

王重阳：《射雕英雄传》中的人物，全真派创派祖师，是天下五绝之首的“中神通”。王重阳身材甚高，腰悬长剑，风姿飒爽，英气勃勃，飘逸绝伦。他是“老顽童”周伯通的师兄、“全真七子”的师父。王重阳也是一个独步武林的奇才，身具绝代天资，武功造诣深不可测，已经达到出神入化的地步，被世人称为“天下第一”。后来，他在终南山创立全真教，在武林中享有“天下武学正宗”的美誉。在“华山论剑”之时，他力挫四绝，夺得“天下第一高

则尾应，击尾则首应，击腰则首尾接应，牢牢将敌人困于阵中……”

“天罡北斗阵”第一次出手对付的是梅超风。本来，全真七子里的丘处机、王处一等就可以和梅超风单挑，但好不容易七子聚齐，碰到了一个活靶子，就用上了“天罡北斗阵”。

虽然，“铁尸”梅超风把“九阴白骨爪”、“白蟒鞭”等大杀器都用上了，但还是被全真七子轻轻松松完虐。

但是好巧不巧，刚好路过的黄药师看见自己的学生被王重阳的学生群殴，好不生气，顿时要出手好好教训一下王重阳这些不成器的学生。怎奈，“黄药师在大半个时辰中连变十三般奇门武功，始终只能打成平手，直斗到晨鸡齐唱，阳光入屋，八人兀自未分胜败……”

合作，让业务能力一般的全真七子立刻强大，甚至可以挑战业务顶尖高手东邪黄药师。这个“天罡北斗阵”，让弱者迅速增添了战斗装备，处于不败之地。

众所周知对付强大的竞争对手或者攻克重大技术难题，应该要积聚团队的智慧，但像全真七子一起上阵的“天罡北斗阵”这样浑然一体、天衣无缝的协作，现实中能做到的不多，主要缺少的是参与者的绿叶情怀、牺牲精神和熟练合作。

手”之称和道家至高的武学宝典《九阴真经》。临终前他更以“一阳指”重创“西毒”欧阳锋，使之数十年不敢踏入中原。

全真七子：《射雕英雄传》中的人物。他们是“中神通”王重阳的徒弟，分别是丹阳子马钰、长真子谭处端、长生子刘处玄、长春子丘处机、玉阳子王处一、广宁子郝大通、清净散人孙不二。

梅超风：《射雕英雄传》中的人物。东邪黄药师的三弟子，号称“铁尸”。她与师兄陈玄风有私情，与陈玄风合称“黑风双煞”。二人盗走黄药师的半部《九阴真经》，逃离师门。因遭师弟陆乘风、飞天蝙蝠柯镇恶兄弟等人追杀远走大漠。在和江南七怪的激战中，梅超风被柯镇恶暗算而双目失明。十年后她重出江湖，传授杨康九阴白骨爪，并

“天罡北斗阵”，首先需要参与者有绿叶情怀。王重阳在编排设计这套程序时，充分考虑了每个人的业务能力和性格特征。全真七子分工极为明确，每个人都是高速运转机器上的零配件。虽然，在这之中丘处机、王处一、马钰业务能力稍强，但在阵法运转时，绝对不能有人搞个人英雄主义，摆好造型，来个自拍，那阵法就失败了。像巴西队，每个人都有盘球过人、凌空射门的无双技艺，但经常是表演很赏心悦目，最后却输了比赛，让观众惋惜。实践中，团队合作面临常见的问题是争功诿过。但在“天罡北斗阵”这舞台上，每个参与者的台词和戏份都必须固定，如果一个人过分表现自己或者觉得自己戏份不多而躺平，那整个阵法就会漏洞百出，那么在黄药师这样的业务高手面前就会溃不成军。

其实角色分工，是领导从综合角度考虑相对合理的安排，也可让每个人在舞台上尽情展示才华。甘当绿叶既是一种情怀，更是一种智慧。有的戏精取得一点成绩，就会自吹自擂为自己评功摆好，领导表面不吭气，其实哪个领导不是好影帝？他的功过簿上早就暗中给每个人记了一笔。

“天罡北斗阵”更要有牺牲精神。和对手对阵，首先受到直接攻击的人要通过旁边的队友化解和反击。但在对手的凌厉攻势下，还能淡定把自己的希望寄托在靠队友出手上，没有强大的牺牲精神是不

找江南七怪报仇。后来于牛家村被全真七子联合围攻，后被东邪黄药师出手相救。双方酣斗之际，欧阳锋以毕生功力向黄药师施以偷袭，梅超风舍命为恩师挡了欧阳锋一击而死。黄药师在她临死时，重新收她为徒。

周伯通：《射雕英雄传》和《神雕侠侣》中的人物。外号“老顽童”，是“中神通”王重阳的师弟，全真七子的师叔。他天性纯真，爱捉弄别人，故有“老顽童”之称。他不拘小节，与晚辈郭靖结拜为兄弟，和神雕侠侣成为忘年之交。于第三次华山论剑之时得“中顽童”之号，被推为新“天下五绝”之首。

柯镇恶：《射雕英雄传》和《神雕侠侣》中的人物。一位侠义英雄，也是一代盲侠，绰号“飞天蝙蝠”。他是大侠郭靖的师父，位居“江南

七怪”之首，是江南武林的佼佼者，绝技是降魔杖法和毒菱暗器。他与“黑风双煞”打斗后双目失明，但也因此练就了听风辨形的高超技能。兵器为一根铁杖，杖法极其凌厉。善于使用暗器，又是用毒的行家，经常以带毒的铁菱作为暗器。他为人正直无私，一身正气，对郭靖的成长有着极大地影响。

可能做到的。

身在职场上，大家所提倡的第一大原则就是安全。万一队友照应不周，自己率先成了靶子，出师未捷身先死，小命都玩没了，还谈何职场发展？可“天罡北斗阵”首先就是建立在互相信任上。信任是良好合作的基础，全真七子共同学习，一起进步，心心相通。虽然，马钰对丘处机经常突出自己有点想法，但大敌当前，他当然知道孰轻孰重。如果，因为这点小私心，自己先躲躲，让弟兄们先上，那么，很容易就被高手各个击破，最后你躲到哪里去？一荣俱荣，一损俱损，互相补台，好戏连台，既是浅显易懂的道理，也是一个人更好发展的秘诀。

另外，敢于牺牲，也能体现一个人对职业操守的敬畏和对岗位的热爱。激情比能力更重要，既然加入这个团队，既然在这个岗位上，就要承担这个岗位的责任，尽力燃烧自己。虽然可能队友出现误判，你做了暂时的牺牲和付出，临时当个背锅侠，但大家都会知道你是敢于担当的好员工，领导和团队一定会给你更多的补偿。失之东隅，收之桑榆，毕竟当下职场竞争不会真正致你于死地，世上除了生死，其他都是小事嘛。

“天罡北斗阵”还要有良好的协作。这必须要常常面对面坐下来，有针对性地分析研究问题，提出相应的解决方案，大家再根据流程去抓好落实。如果经常仓促上阵，肯定会事倍功半，甚至一败涂地。

全真七子有一次为了师叔周伯通，和黄药师约架。怎奈，此时谭处端已死，他们只好拉着丘处机的好学生尹志平，搭配外援柯镇恶一起顶替谭处端的位子。真是一加一小于一，这个不是原装配件运行的“天罡北斗阵”，三下两下就被黄药师发现漏洞。全真七子中的好几个都挨了他的耳刮子。幸亏黄药师觉得欺负小字辈胜之不武，放了他们一马。

良好的团队合作需要默契。而这种默契，需要的是成员长期合作才能形成。一个眼神，一个姿势，团队的其他人都能心领神会，步调才能一致。如果团队的领导为了刷存在感，经常进行机构重组和人事变动，既不利于人才培养和团队建设，也不利于克难攻坚。所以保持队伍的相对稳定，也是开展良好合作、积聚智慧的重要保障之一。

在当下职场社会分工精细化的时代，不管你多么富有才华，你的个人力量仍然是非常微弱的。只有通过集体合作，你的才华才会得到充分的发挥。所以，找什么人合作，怎么合作都是职场人士不可回避的话题。当然，如果有高人开发出“天罡北斗阵”的合作项目，你就要抓紧对号入座，去寻找最适合你的位置。

怎么才能让员工不躺平

虚竹拔除“生死符”

> **金庸人物注解**
>
> **李秋水**：《天龙八部》中的人物。逍遥派掌门逍遥子的弟子。天山童姥、无崖子的师妹，元昊之妻，西夏国王妃，西夏银川公主的祖母。

虚竹笨拙木讷，技艺也居末流，是个一穷二白，颜值不在线的职场小白。那年，天山童姥要消灭小师妹李秋水，为了使自己有必胜的把握，她拉着小和尚虚竹，让他学习“天山六阳掌”。可是虚竹软硬不吃，认为出家人慈悲为怀，不能为了帮人出头打架而去学“天山六阳掌”。天山童姥一气之下，用暴力在虚竹身上种了九道“生死符”。令“虚竹只觉伤处越痒越厉害，而且奇痒渐渐深入，不到一顿饭时分，连五脏六腑也似发起痒来”。

按照天山童姥的说法，那些三十六洞洞主、七十二岛岛主，都被她种了“生死符”。为了不受奇痒折磨，他们对天山童姥低声下气、言听计从，只为恳请她每年赏赐解药一次，以保一年平安。

天山童姥又告诉虚竹，她可以看在虚竹救过她的份上，把拔除“生死符”的窍门传授给虚竹。为了缓解身上的痛楚，虚竹按照天山童姥传授的窍门，苦练了四天，终于把身上的“生死符”一一拔除，可他不知道，这拔除“生死符”的窍门正是“天山六阳掌”秘诀。虚竹在不知不觉中练成了“天山六阳掌”，后来果真帮了天山童姥的忙。

一个人有了行动自觉，就会激发他无穷的自身潜能，他就会更有毅力，更有定力，更有战斗力，也更有创造力。那么，如何更好地激发员工潜能呢？

第一，讲好故事，促成员工危机感。

一个人最大的危机是生命受到威胁。生死存亡之际，为了摆脱生命威胁，突然爆发的潜能会震惊自己。

虚竹被种了“生死符”之后，所受的煎熬比死还难受，所以，他就会加倍努力地把天山童姥的解决方案实施。对天山童姥来说，她的员工是超值完成了她设计的方案。打断一个人的腿，再送他金拐杖，他就会心怀感恩地学走路。天山童姥就使用了这样恶毒的办法。

对于每个职场人士来说，最大的危机是职业危机。所以很多领导经常把“不换思想就换人”挂在嘴上，今天要开除这个，明天要换那个。但有的员工可能根本不理他这一套。如果事儿一多，压力一大，他就干脆躺平，等着被老板开出，反正企业公司多的是，到哪里也不会饿死人。

其实，一个员工最多只被一个公司开除一次。而老开除员工也不是个事儿，公司要花很大精力招收新员工并培训，同时还要承担被开除员工不菲的赔偿金。现在的员工不怎么担心被老板从某家公司开除，而是担心知识能力落伍被社会淘汰。因此，优秀的领导者就会编写故事剧本，加大策划宣传力度，让每个员工相信自己当下手上所做的工作是弥补自己能力不足，实现自己美好生活愿景最好的平台，让员工形成学无止尽的学习心态。这样的心态一旦形成，远远比多发一些奖金更能调动员工积极性，因为优秀领导者让大家看到的是未来的美好预期。当然，这个预期不能太高大上，那会显得虚无缥缈，就会使员工失去奋斗的动力。

第二，细化举措，倒逼员工责任感。

责任保证信誉，保证服务，保证敬业，保证胜利，保证一切组织的竞争力。责任感是衡量一个人心智是否成熟的重要标准，是一名职场人士所必须具备的素质要求。但喜欢推诿责任是人性的弱点，也是职场司空见惯的陋习，下面这个段子很能说明问题。

有家企业最近的销售情况不理想，就开会分析。

营销经理说："这不能怪我们，竞争对手纷纷推出新产品，而我们公司没有研发新产品，所以我们的产品没有竞争力。"

研发经理说："我们推出新产品少，因为我们本来不多的研发预算被财务砍掉了，所以也不能怪我们。"

财务经理说："我们是削减了研发经费，关键是我们采购成本上升，钱不够了。"

采购经理说："我们采购成本上升是因为 E 国一个生产铬的矿山爆炸了，导致原材料价格大幅度上涨……"

最后总经理结案陈词："现在只有一个办法，向 E 国提出抗议，谴责他们没抓好安全生产，造成矿山爆炸。"

这个段子充分说明了责任落实如果没有闭环机制，每个员工推脱责任的劣根性就会暴露无遗，从而影响工作的落实。

因此，畅想美好预期后，更重要的是要落实具体的实施方法和路径，才能按照既定目标和方案去推进。这样就需要制定详尽务实的责任清单，明确每项任务的具体要求、时间进度、具体责任人和责任团队。做到千斤重担人人挑，人人肩上有指标。在具体实施过程中，要求天天有通报，周周有点评，月月有奖惩。让员工时刻有感知，有比较。工作绩效全面和奖惩、提拔任用相挂钩，把竞争的氛围鼓得浓浓的，让每个员工进入各自赛道，成为积极的竞赛者。

第三，率先垂范，引领员工使命感。

靠危机感训导员工，靠责任感倒逼员工，是一般的做法。长此以往，会不利于员工创新能力的发挥，会让团队在竞争中后劲不足。而使命感，是一个人在追求人生价值的自我实现。有了使命感，一个人就会激发出持久强大的热情，最大限度地发挥自己的创造力和潜能。这种热情不是外部倒逼就能产生的，而是发自内心，来自他们对从事事业的真心热爱。他们永远抱着必胜的信念，不会被困难和挫折吓到。他们只为成功想办法，不会替失败找理由。

虚竹自己拔除“生死符”后，受天山童姥之托执掌了灵鹫宫，可还没回到灵鹫宫，那些受“生死符”之苦的三十六洞、七十二岛相关人士就打上灵鹫宫，还杀了灵鹫宫的人。按说，虚竹完全可以不理会这些人。但虚竹慈悲为怀，觉得解救众生是使命所在，就不辞劳苦，耗费大量精力去帮他们拔除“生死符”。虚竹自拔“生死符”是危机逼迫，为众人拔除“生死符”则是使命感的牵引。虚竹身累心不累，内心甚至感到快乐。

一个团队能拥有使命感的人不会很多，但要打造促成员工使命感的团队文化，把工作本身当作事业追求的目标，领导者要带头践行。即使“为伊消得人憔悴”，也是“衣带渐宽终不悔”，这样，即便员工是职场小白，也能激活他的行动自觉，使其使命感渐渐增强，最终促成团队的行动自觉。

第四，多措并举，提升员工的幸福感。

企业是生产经营场所。员工按劳取酬，每个月发薪水的那一刻，是员工心里最开心的时刻。所以，员工希望薪酬是多多益善。但对老板而言，员工薪酬是重要的生产成本，他必须做好控制，不可能无限制地增长。所以，聪明的老板在员工薪酬制度设计上，除了规定与指标完成相挂钩的要求，他还会结合员工对企业的服务年限，让员工持股，服务年限越长，回报就越丰厚。幸福感来自比较，当员工看到大部分企业没有员工持股的做法，他就会感到自己也是企业的所有者，他对企业的良性发展就有幸福感，这种幸福感也会激发他的工作热情。

企业也是人际交往互动的平台。员工除了完成工作任务，他们也希望在工作期间结识志同道合、价值观相近的朋友。那些未婚人士更希望能在工作期间找到自己心仪的另一半。因此，聪明的老板会非常重视团队建设工作。在工作之余，安排一些文化娱乐活动，让员工们展示文体才华，自娱自乐。张弛有度的制度安排，更会促进团队凝聚力的提升。一场让员工感到酣畅淋漓的团建活动，给员工们带来的幸福感远远比增加几块钱的工资更有效。

对老板来说，建设了一支充满活力的队伍，你就占据了市场竞争的主导权。“能用众力，则无敌于天下矣；能用众智，则无畏于圣人矣。”

利益共享朋友多

韦小宝为什么不独吞

韦小宝替老板康熙打工，由于他把老板心思摸得透，老板交代的私活、脏活、累活干了不少，件件让人称心，这官儿也越当越大，被康熙封了一等鹿鼎公、抚远大将军。地位高、权力大，当时职场上下都以能和他说得上话感到无上的光荣。

郑克塽是台湾郑氏家族公司的第三代 CEO。由于在资源整合、市场开拓中玩不过康熙，公司就被大清王朝公司兼并了。郑克塽也被康熙封了一等公，客居北京。他曾经下黑手暗杀了韦小宝的老师陈近南。而陈近南忠义为本，临终前叮嘱韦小宝不能冤冤相报，以至于，当郑克塽在通吃岛上被韦小宝制伏时，仅凭陈近南的一句话，便免于受死。但死罪虽逃，活罪难免，无奈之下，他被逼写下欠韦小宝380万两银子的欠条。事实上，这家伙打的小算盘是，等自己逃到了台湾，这辈子也不可能再遇见韦小宝，这钱也自然是不用还啦。哪知山不转水转，生死冤家又聚了头。郑克塽到了北京，韦小宝像挖

金庸人物注解

多隆：《鹿鼎记》中的人物，是御前侍卫总管，亦是韦小宝官场朋友之一。韦小宝交了他这个朋友，无论是放沐王府的刺客，还是要在法场上救回犯人，都无往不利。

到了矿似的，一场追讨欠款的好戏就上演了。

韦小宝身为大清王朝公司的高管，追讨欠款的事儿，自己当然不方便直接赤膊上阵。但他是大老板康熙跟前的第一大红人，而且欠款手续齐全，韦小宝稍微一透露，以多隆为首的御前侍卫和骁骑营一伙人就主动要求提供追讨服务。可怜的郑克塽虽然头顶一等公的大帽子，但欠债还钱，天经地义。而且作为外来户，他在大清王朝公司的人脉关系与韦小宝的差距简直不可同日而语，所以他就被多隆这批流氓神仙训得服服帖帖，砸锅卖铁凑了260多万两银子还债。最后，韦小宝看他实在压榨不出什么来了，就在郑克塽的苦苦恳求之下予以豁免。

当多隆把四个装满了金银珠宝和银票的大箱子送到韦小宝家，亲手交到韦小宝手里时，韦小宝却只拿了十几万两银票，然后对多隆说："余下的便请大哥和兄弟们分了罢。"多隆是个明白人，平时拍领导马屁都找不到机会，怎么会收辛苦费？就再三推辞，无论如何不肯收下。他说为领导干这么点小事，是领导看得起咱们，怎么好意思再让领导破费呢？

双方推来推去，多隆拗不过韦小宝，只好拿了130万两银子分给了御前侍卫和骁骑营的各位员工，平摊到每个人头上都有几千两银子。这可是一笔巨款啊，是他们辛辛苦苦打工薪水的好几十倍。所以，大家就一致觉得韦小宝体恤下情，关心关爱普通员工。下属都是人精，跟着韦小宝干，工作责任压力不大，奖金红包却是拿得得不少，这么百年难遇的好领导，怎么能不死心塌地呢？于是，大家跟着韦小宝干，心更齐了，凝聚力更强了。后来，韦小宝让大家解救大老板康熙亲自圈定的死刑犯茅十八时，这伙人都敢偷梁换柱，瞒天过海。利益当前，小说里这有组织无纪律、吃里扒外的人都可以做到如此，可见适当地让团队人员利益共享，是可以促成核心凝聚力的。

身在职场，如何在工作团队中建立和巩固自己的基本盘，需要一个人的能力与智慧。一般而言，亲戚朋友、同学战友这些关系如果在职场中相遇，应该是你的固定基本盘。但这种先天关系碰在一起的情况实在太少了。因此，必须在职场争取更多的支持者，让自己变得强大，这样就会促使更多优秀的人靠近你，从而你的资源就会越聚越多，事业发展就会无往而不利。

争取更多的支持者，让自己人气爆棚，除了积极参与职场人士互动外，最核心、最关键的是怎么探讨和建立利益共享机制。“天下熙熙，皆为利来；天下攘攘，皆为利往。”每个人在职场都希望自己利益最大化，在差不多的条件下，如果谁给了好处，或者谁给的利益更多，谁就会得到更多的拥护。韦小宝能力水平虽不强，但他深知这一道理。所以，他从来不独吞好处，经常把大老板给他的赏赐都能拿出很大一部分来，犒劳自己团队的人。所以拥护他的人就越来越多，基本盘就越做越大，他在职场就可以呼风唤雨，无所不能。

岳飞抗击金兵屡战屡胜，居功至为，南宋朝廷的老板宋高宗给了他很多的赏赐。但岳飞每次都平均分给和他一起战斗的员工，一分钱也不多拿。正因为岳飞如此体恤下情，赢得了员工的心，大家拼死为他冲锋陷阵，才打造了一支“撼山易，撼岳家军难”的铁军。

但是很多领导就没有这样的格局。他们总觉得，既然公司有了严明的规章制度，也有合理的薪酬分配机制，如果再搞一些额外利益，一是没有必要，另外是觉得来源出处都有问题，风险麻烦多多。而且，一个蛋糕，下属分得多了，自己就少了，觉得做领导的就应该要多拿多占，自己需要用钱的地方多了去呢。下属就应该老老实实听领导的话，认认真真把工作完成好。如果长此以往，你的下属就会做一天和尚撞一天钟，对工作应付着干，不会发挥他们的聪明才智去创造性地完成。你的追随者也因此会越来越少，你的工作业绩也会步步下滑。

西楚霸王项羽，“力拔山兮气盖世”，形象威武，熟读兵书，武功盖世，刚开始造反的时候拥护他的人很多。而且他还非常富有同情心，作为统帅千军万马的大领导，有哪个普通员工生病了，他都会心疼得流泪，然后把自己小灶的伙食与生病员工共享。这可不是作秀，这是他原来的高管韩信讲的真实案例。按理说，这样充满人情味的领导，追随者会越来越多吧。可恰恰相反，西楚霸王的盘子越做越小，最后落得个乌江自刎的结局。为什么？因为，他不懂得分享。

韩信说，项羽手下的员工立了大功，按照相关规定要予以重大奖励。可是，秘书长文件都拟好了，项羽这个 CEO 把这个大印拿在手上反复摩挲，连大印都被磨去了棱角，还就是敲不下来，弄得员工都很寒心。员工们想想自己跟着项老板抛头颅、洒热血，每天在死人堆里打卡，风险巨大，却看不到收益，每个月拿到的也只有死工资，什么奖利都没有。所以后来，跟着项羽干活的人就越来越少，垓下一战，全军覆没。

而项羽的最大竞争对手刘邦，虽然是基层村干部出身，文化水平不高，人也很俗粗，但是有一点，他知道怎么样用利益凝聚人心，把事业的基本盘做大。韩信刚从项羽的阵营一过来，还没多少功劳，他就听从萧何的话，登坛拜将，封了韩信一个大将军，韩信就拼了老命去消灭老东家了。刘邦官帽、红包一大把一大把地发出去，手下的优秀人才就越聚越多。除了韩信，项羽手下的陈平、彭越、英布这些牛人，也炒了项羽的鱿鱼，加入刘邦大汉集团公司阵营。就连项羽的亲叔父项伯，本来血浓于水，但最终敌不过帽子、银子，也投靠了刘邦。楚汉争霸是集体游戏，谁的基本盘大，拥护者多，谁就会是最后的胜出者，项羽霸王别姬的结局也就在所难免了。

2010 年，来自浙江偏远山区庆元的青年方春生，到温州创办了一家餐具公司。在企业取得一定发展之后，也出现员工队伍的工作积极性和吸引优秀人才的积聚问题。为了留住企业核心骨干，他于 2015 年推出利益共享的举措，并拿出一部分干股分配给一些老员工和核心岗位骨干。刚开始，那些拿到股权的员工还将信将疑，直到 2021 年有持股员工要买房子，要求股权套现，才知道方老板不是给他们画饼，而是分享给他们实实在在的利益。现在，这家餐具公司整个团队心齐气顺，发展态势良好，目前已经是亚洲最大的高分子材料用筷生产服务商。

虽然说“君子喻于义，小人喻于利”，但身在职场，只讲目标理想和情怀，和你玩的人就不多。只有建立好利益共享机制，才能像 502 胶水一样，把石子、砂砾和水泥紧紧地黏合在一起，你和你的团队就能成为不可战胜的团体。

另辟蹊径成长路

全冠清的星探之旅

金庸人物注解

全冠清:《天龙八部》中的人物。丐帮长老，大义分舵舵主，一个投机主义者，善于玩弄权术，城府颇深。

游坦之:《天龙八部》中的人物，聚贤庄少庄主，丐帮第十代帮主，父亲为游骥。他是金庸笔下命运最悲苦的角色之一。他父母双亡，在复仇路上，痴恋残忍歹毒的阿紫而被套上铁头，成为毁容的奴隶，误入歧途。阿紫练“化功大法”，贱待他，因捡到《易筋经》，成功修炼才得以活下来。一次偶然机会下，游坦之

要想在职场取得成功，特别核心的业务能力必须出类拔萃，否则在这个职场江湖里，最多只能跑跑龙套，打打酱油。但是这核心业务能力的修炼与个人的天赋以及机遇有很大关系。对于很多人来说，就算是再勤奋努力，每天披星戴月，加班加点，最终可能还是很难突破。面对这种困境，有的人就此躺平，一生平凡；有的人却另辟蹊径，闯出一条新路。

全冠清是丐帮集团公司一名中层干部，脑袋灵光，鬼点子很多，担任大义分公司的负责人。这家伙志存高远，做梦都想当老大。但丐帮公司规定当老大必须能打，这是一条硬性标准。全冠清人过中年，虽然也会两下子，但和真正的高手一比，那简直就是云泥之别，根本上不了台面。既然自己不行，那就找代理人。全冠清开始寻寻觅觅，最后把眼光落在了当时在职场中籍籍无名的游坦之身上。

游坦之，是聚贤庄公司游氏双雄之一游骥的宝

贝儿子。游氏双雄在一次群殴江湖大佬萧峰时，败在萧峰手下。心高气傲的他们自杀身亡，其子游坦之因此走上流亡之路。后来，由于迷恋小坏蛋阿紫，游坦之就心甘情愿当了阿紫的奴仆，被阿紫折磨，还被装上了铁头。偶然机会，他练成了“易筋经”和“冰蚕寒毒”两大神功，这两项秘密武器一下子让他成为偏科的业务能手。阿紫被她老师“星宿老怪”丁春秋打瞎眼睛以后，游坦之化名“庄聚贤”，及时救下阿紫，带着瞎眼阿紫逃离了星宿公司。但由于心中的谦卑，他始终在瞎眼阿紫前面隐瞒他的铁头人身份。

全冠清遇上游坦之以后，觉得游坦之是他最理想的代理人。一个原因是他业务能力超强，掌握的两项大杀器，让他在丐帮公司无人能敌；二是他一心迷恋瞎眼阿紫，心无城府，阅历又浅，对职场道义规则一窍不通。

对游坦之这样的职场小白，全冠清采取了几个办法：一是生活照顾。铁头人生活不便，全冠清想尽办法帮他取下铁头；阿紫眼瞎，他就专门安排人手照顾。二是职业规划。他告诉游坦之，想要阿紫对他崇拜，必须要在职场闯出名堂，要争取弄个公司的老总当当。三是精神控制。他在阿紫面前对游坦之大吹大捧，满足游坦之在心爱之人面前的存在感。本来，阿紫心中只有姐夫萧峰，但在全冠清巧

练就“冰蚕毒掌”成为绝世高手，几乎可与萧峰和虚竹打成平手。后来他化名庄聚贤，成为丐帮帮主。阿紫瞎了眼睛，他就把自己双眼换给阿紫治眼。最后阿紫不想欠他人情，挖出游坦之给她的双眼掷还给他，并抱着萧峰的尸体跳崖，游坦之也跟着跳崖，为了孽情落得悲剧人生。

游骥和游驹：《天龙八部》中的人物，两兄弟并称“游氏双雄”，为聚贤庄的庄主。兄弟二人各用一面百炼钢盾，攻守兼备，二人联手威力更是大增。兄弟二人为人好客大方，过往江湖之人无不倾力结交，但有所求皆尽心尽力，极有孟尝之风。故而虽然二人武艺不算绝顶，但聚贤庄在武林之中却极有声望。

阿紫：《天龙八部》中的人物，是段正淳与阮星竹所生之次女，阿朱

舌如簧的吹嘘下，瞎眼阿紫对这位“庄公子”也是青睐有加。搞定了阿紫，游坦之就对全冠清言听计从，在全冠清的策划运作下，他终于在洞庭湖君山丐帮公司年度大会上当上了老大，而全冠清也当上了高级顾问。

一时间，全冠清在丐帮公司这个大集团公司里面大权在握、一言九鼎，就连游坦之这个老大外出工作交流的行程和讲话稿也都由他把关。全冠清成了丐帮公司的实际负责人，一时间风头无限，实现了他的人生理想。

全冠清的成功，在于他善于发现人才、培养人才、包装使用人才和服务人才，自己则搭上人才发光过程的顺风车，让自己的利益最大化。

一个成功的猎头需要做好哪些方面的具体工作呢?

第一，当好伯乐。要在芸芸众生中发现潜力股，眼光精准是首要条件。星探必须需要洞察市场需求，全面客观分析对象身上所具备的常人身上不具备的潜质。游坦之当时带着阿紫逃难，惶惶不可终日，偶然之中施展 的“冰蚕寒毒”的威力让全冠清眼前一亮，他当即锁定目标，放下身段和游坦之套近乎，让他有了全方位了解游坦之的机会。

第二，当好导师。要让发展对象适应市场，适当培养不可或缺。一般而言，优秀人才不被发现，

的妹妹。自幼在丁春秋的门下长大，因此她行事十分恶毒狠辣，然而亦不乏天真与执着。因她想要练习星宿派最高深的武功，偷走了丁春秋的神木王鼎，逃离了星宿派，并结识了萧峰。之后萧峰误杀挚爱阿朱而悲痛欲绝，阿紫躲在一旁瞧在眼中，自此对萧峰情根深种。阿紫独身一人回到中原，在饭铺中遇到丁春秋，在与丁春秋交战之时不幸被丁春秋毒瞎双眼。阿紫目盲后被游坦之救走，随后跟游坦之加入丐帮。在天山缥缈峰灵鹫宫，游坦之自愿用自己的眼睛帮助阿紫复明。阿紫复明后回到辽国，找到萧峰，因向萧峰表白失败，她听信谗言，无意间将毒药给萧峰服下，导致萧峰无法带着她成功逃离，两人双双被擒。之后阿紫跳水逃走，请来中原群雄前去辽国救援，却难阻萧峰为天下百姓在雁门关外自尽而亡。最终阿

总是因为他在某些方面还存在欠缺，需要在推广过程中不断打磨，让他的长板拉得更长，特点更加突出，而一些小缺点则可以慢慢提升补足。全冠清和游坦之相处不久，就发现如果他的“冰蚕寒毒”结合星宿公司“用毒”的尖端做法，效力会更大。于是，全冠清就撺掇从星宿公司跳槽的瞎眼阿紫传授秘诀，让游坦之练成了独门秘密武器“腐尸毒”功夫。针对游坦之欠缺基本功的缺点，全冠清也通过调教，慢慢让他追了上来。

第三，当好编导。手里有了打市场的人才以后，怎么才能让人才一出场就大放异彩，灿烂辉煌？这需要运作和包装。星探必须要好好选择和揣摩其合适的平台，能力匹配的角色，产品的最终市场定位等等，如果没有一炮打响，前期的心血可能都会付之东流。全冠清遇上游坦之后，前期一直对游坦之进行训练培养，等到丐帮公司年度大会，各级各类层次的人员到位，大家要进行业务切磋推选公司老大时，他才让游坦之横空出世，技惊四座，从而一举夺得龙头老大的宝座。接下来游坦之四面出击，拓展业务，让“庄聚贤”的花名在职场上越叫越响，成为一时间的流量明星。

第四，当好经纪人。如何让人才心无旁骛地从事主营业务工作？星探、猎头必须要为他们打造舒适便捷的生活环境和工作环境，让人才收入高、风

紫挖出眼珠掷还游坦之之后，抱着萧峰的尸身跳下深谷殉情。

丁春秋：《天龙八部》中的反派角色，原籍山东曲阜。本是逍遥派的弟子，后来背叛师父无崖子，将无崖子打下悬崖。为了寻找逍遥派的武功秘籍，他在西域创立星宿派。丁春秋不仅武功高强，并且极擅用毒。门下弟子称其为“星宿老仙”，江湖中人不耻其行径而称之为“星宿老怪”。他练就一身阴毒武功，其中“化功大法”以剧毒化人内力，武林人士对此最为痛恨。星宿派独门暗器之多、毒药之猛更是人见人惧。后来在少室山的武林群雄大会中和虚竹交战，被虚竹用生死符制住，终生囚禁于少林寺。

险低。这样的星探、猎头公司才能成为人才的聚宝盆，不断签约各个行业的翘楚人才，也能让这些人才为星探猎头公司产生最大效益。游坦之最大的自卑是怕别人在瞎眼阿紫面前叫他“铁头人”，从而暴露他曾经是阿紫奴仆的屈辱。全冠清就千方百计寻找技师帮他取下铁头，戴上人皮面具，对他和瞎眼阿紫的生活悉心照顾。游坦之在全冠清星探公司的主要任务就是修炼提升秘密武器的威力，以及陪伴瞎眼阿紫，这是他一生中最开心的事情。什么迎来送往、应酬致辞、工作报告等，都按照全冠清的策划去干，全冠清实际上成了游坦之的精神控制者。

可以说，精准独到的发现能力、善解人意的沟通能力、深入人心的宣传推广能力、各类资源的调配统筹能力等等，都是一个优秀猎头应当具备的基本能力。

20 世纪 80 年代，拳王泰森虽然取得了几场胜利，但离拳坛的天皇巨星还有很远的距离。拳坛著名推广人唐金原来也是一名拳击职业选手，但他的个人拳击水平始终只是二流，于是就自办公司当了拳击经纪人。他眼光独到，觉得泰森有强大的发展潜力，更嗅到了背后巨大的商业利益，就果断组织团队介入。巧舌如簧的唐金利用自己的拳赛组织经验和影响力，迅速替泰森安排了几场含金量很重的比赛。泰森如下山猛虎一般取得全胜，好几场直接打败对手，甚至把对手击出拳台。紧张刺激，迎合了观众观赏心理。一时间，泰森称霸世界拳坛，粉丝更是不计其数，出场费也就水涨船高。加之唐金对泰森的私生活很纵容，涉世未深的泰森觉得唐金对他关心关爱，对唐金崇拜有加，在以后很长一段时间，泰森成了唐金的摇钱树。据后来有人推算，唐金推广比赛的佣金竟然远远高于泰森的收入。怪不得，唐金被称为“拳坛吸血鬼”。

当然，优秀的星探猎头应当还要具有较高的道德素养。遵照契约为服务对象提供超值服务，才能拥有长久的市场和生意。不能欺上瞒下，里外通吃，否则，就会臭名远扬。像唐金这样的“吸血鬼”，最后和泰森也是对簿公堂。而全冠清人心不足蛇吞象，撺掇游坦之争夺武林盟主，最终犯了众怒，被萧峰一举击败，以悲惨收场。

成长道路千千万，另辟蹊径或许是条快速通道，机遇与困难总是相伴而生。守住职业信念、打开格局定位，才能让我们找到快速通道，通往成功。

随大流是一种策略

元义方自作聪明的下场

金庸人物注解

元义方：《鹿鼎记》中的人物。康熙年间王屋派弟子，他做人不讲义气，自作聪明，误了性命。

司徒鹤：《鹿鼎记》中的人物。其父司徒伯雷本是明朝朝廷的一名副将，是山海关总兵吴三桂部下，由于对吴三桂放清军入关为王大为不满，他带领一批有同样想法的人到王屋山创立了王屋派。司徒鹤则是王屋派的少主，第二代掌门，曾经赤手空拳秒杀2名大内侍卫，实力超群，武功高超。而且司徒鹤英俊潇洒、为

元义方在金庸洋洋大作150万字《鹿鼎记》里是个十八线外、小得不能再小的角色，仅有十几句台词。但他一次特立独行、自作聪明的做法，弄巧成拙，误了卿卿性命，着实令人警醒。

有一次，韦小宝受老板康熙指派，带着人马离京公干。一天晚上，大家吃了饭没事干，就在营房里赌钱，韦小宝坐庄，有吃有赔，银来钱往，好不开心。突然间，天门上压了一颗人头，原来，大清王朝公司的对头之一——王屋公司的一干人等，趁大家赌钱放松警惕的时候杀进来了。

装疯卖傻的韦小宝提出继续按着赌场规矩赌一把，押人头赔人头。为了让韦小宝死得心服口服，王屋公司现场负责人司徒鹤竟然同意了。可是，趁着王屋公司的人一分神，石火电光之际，韦小宝使出了神龙公司洪教主独门绝技，制服了司徒鹤。由于王屋公司寡不敌众，所有人都被大清公司方缴械。

来而不往非礼也，赌棍韦小宝提出愿意和王屋

公司再赌一把，若他输了，就放王屋公司一班人走路。死马当做活马医，无路可走的王屋公司就派出“眼睛漆黑光亮”的大美女曾柔掷骰子，曾柔抖抖索索地掷出了3点。一般来说，这3点掷出来，十成中已输了九成九。

元义方看出了这一点，冒出来说话了：“我的脑袋，由我自己来赌，别人掷的不算。”

你看，曾柔没掷骰子之前，他在装腔作势不吭声，看到结果就想反悔，而且这一声称显然是，就算炒了王屋公司老板的鱿鱼，也要“我的命运我做主”。

结果，天算不如人算。对曾柔美色早已垂涎三尺的花心大萝卜韦小宝暗中作弊，掷出了“憋十”，一个小得无法再小的点。王屋公司其他人都逃出生天，元义方也想跟着一起走，可韦小宝不答应了，要求再赌一局。元义方怎么玩得过韦小宝这个赌场高手，而且规则还是韦小宝制定的。于是，元义方就被扣了下来，屈打成招签字画押，作为韦小宝团队的战绩，被押送进京，接受审判，估计最后这条小命也就玩完了。

元义方的下场悲惨，关键是错误地评估了当时的形势。

首先，他没有正确认识自己在王屋公司团队到底有几斤几两。这次来偷袭韦小宝团队的，是王屋

人正直，眉宇之间透露着一股阳刚正义之气，与韦小宝七个老婆中的曾柔青梅竹马。一次与师妹下山，他们进入军中大帐欲杀韦小宝，后被韦小宝降服，也正因如此小师妹爱上了韦小宝。因父亲司徒伯雷被吴三桂所杀，司徒鹤立志要为父报仇，后来也加入天地会，跟随韦小宝，成为一名大名鼎鼎的英雄。

洪安通：《鹿鼎记》中的人物，神龙教的教主，苏荃之夫，是江湖中数一数二的高手。洪安通野心勃勃，意图夺取《四十二章经》称雄天下，还曾与盘踞雅克萨的沙俄军官勾结。喜欢听教徒的奉承，要教徒参见他时祝他“仙福永享，寿与天齐”。后因教徒背叛，惨死于神龙岛。

曾柔：《鹿鼎记》中的人物。她是前明遗留下的反清力量之一的王屋

派弟子。她人如其名，脸蛋微圆，相貌甚甜，温柔内敛，柔美可人，是韦小宝的夫人之一。

公司少当家司徒鹤带队，还有几个年龄大一点的勉强挂名副总。元义方在这个团队里连个小中层都没混上，最多是个跟班。在领导们已经意见一致，同意曾柔作为代表掷骰子的情况下，元义方横插一杠子表示反对，你以为自己算老几啊！弄得自己的领导们都下不了台。在领导们的眼里，元义方就是搞内讧的叛徒，叛徒历来为人所不耻，肯定没有好下场。

其次，他也没有正确评估对方对他们最后处置的结果。

虽然，韦小宝口口声声威胁他们说输了都要砍头，但元义方如果明白自己只是小跟班，天塌下来也有高个子的领导顶着的道理，他就会懂得从众随大流或许还有回旋的余地。这么自作聪明急于表态脱离团队，急于撇清关系，就等于就把自己孤立起来。自己的人不待见你了，你就觉得大清公司的人会对你网开一面？他们可是和你八竿子都打不着的呢，犯得着帮你吗？

还有，他更不知道团队的资源力量。

人多力量大，人多资源信息多。王屋公司团队看似和大清公司团队水火不相容，但漂亮的队友曾柔已经入了对方大领导韦小宝的法眼，或许其他人也与大清公司团队有着七七八八的关系。人在江湖飘，多少总有招吧。而且，这么多人说砍头就砍头，简单粗暴，罪名难道这么容易找的？

所以，元义方这么特立独行地跳出来，看似聪明，其实把自己置于孤立无援的危险境地，而且还帮对手韦小宝解了一个难题。因为，韦小宝垂涎于曾柔的美色想放王屋公司的人一马，但就怕下面的人不服。现在好了，元义方自己跳出来脱离王屋公司，那他就成了韦小宝团队向上邀功请赏的筹码，上上下下都有了交代。自作聪明的元义方想走也难了。

身在职场，难免会面临站队的选择，是随大流还是特立独行？这是对每个职场人士的考验。一般来讲，没有绝对的把握，随大流是不错的选择，大多数情况下能让你逢凶化吉、柳暗花明。

随大流是人类趋利避害的本能选择。

人类没有尖牙利齿，也不能上天入海，但人类是群居动物，他们不但能抱团去抵御自然界各类巨型肉食动物的捕杀，还能积聚团队的力量和智慧，顺应自然、改造自然，最终主宰地球。所以，随大流是一个人的本能。

你想在职场中站住脚，不想很快被淘汰，在大形势还一时看不清楚的情况下，你就应该先跟跟队，同团体一起前进，既能让自己养精蓄锐，又能规避可能的风险。万一碰到因为公司效益不佳，进行大面积减薪或者裁员，你和大家是面临共同的局面，而且，这么一大帮子人抱团，即使乌合之众，能量也是惊人的。所谓“法不责众”，公司为了保持大局稳定，必须要进行妥善处理，补偿赔偿等等保障肯定少不了。随大流看似平庸，却是让自己确保安全的最佳选择。

身在职场，与同事相处的时间比家里人还多，如果你经常性特立独行，比如公司开会讨论工作时，非要争着发表一些标新立异的观点，在领导面前哗众取宠，借机抬高自己，贬低他人，即使一时获得领导的欣赏和表扬，但也深深地伤害了同事的感情。久而久之，你会慢慢被孤立，被边缘化。你平时的一些工作肯定需要其他相关部门班组配合，结果大家都不理你，你会干得很吃力，事倍而功半，效果很差。

如果公司缺一个中高级管理岗位，要进行德能勤绩考察，你工作业绩一般，加上群众基础这么不好，职位晋升的好事肯定轮不到你。你可能心里还寄希望上面领导发话，认定说你能力强水平高，对你破格提拔，那你就太幼稚了。大多数的领导也是喜欢干顺水推舟、锦上添花的好事，处理事情大多会争取刀切豆腐两面光。如果要他力排众议定乾坤，他首先会掂量一下，对他自己的威信会不会造成影响，最终，他们会向多数人的意见妥协。所以，平时看上去呆呆傻傻的一些同事走在了你的前头，或许他们真的是大智若愚。

当然，身在职场，凡事都随大流，也可能会丧失独立思考的能力。因此，如何让自己在随大流的外衣下，在内心保持一份独立和清醒，关键时刻给领导一个合理却与众不同的建议，你就可能会脱颖而出。像三国时期的鲁肃，平时谨行讷言，是泯然众人的老好人，却在曹操大兵攻打孙吴公司时，特立独行力挺主战派周瑜。要知道，当时孙吴公司里的投降派如过江之鲫。鲁肃劝老板孙权说："如肃等降操，当以肃还乡党，累官故不失州郡也；将军降操，欲安所归乎？"正是这句话，一语中的，打动了老板的内心，比诸葛亮舌战群儒更有效，从而坚定了孙权联刘抗曹的决心。赤壁大战后，鲁肃就成了孙老板的大红人。

可以使人共同进步的婚姻

郭靖黄蓉婚姻布局

美满的婚姻都是相似的，除了围城内两个人价值观相近、性格互相包容以外，双方职场的发展也是重要因素。外部的评价有时会左右内在的感觉，在职场发展顺风顺水，工作业绩成就做到让其他人仰望的份儿，众星捧月的感觉更会增强个人存在感和自豪感。婚姻一见钟情很重要，但时时刻刻的经营更是婚姻的保鲜剂。

郭靖是个遗腹子，母亲从嘉兴被劫持到蒙古才生下他，由于“江南七怪”和全真公司丘处机的十八年赌约，他在成长的岁月里一直受到“江南七怪”的培养和照顾。并且，全真公司的法人代表马钰因为看不惯丘处机的霸道作风，他暗中给郭靖开小灶补课，既帮助他业务成长，也与他建立了深厚友谊。身处蒙古，性格随和的郭靖在以此偶然的机会中，和大汗铁木真的几个孩子玩起了过家家。从小就有这几方面关系的助力，为他今后职场生涯奠定了一定的人脉基础。

金庸人物注解

江南七怪：即柯镇恶、朱聪、韩宝驹、南希仁、张阿生、全金发、韩小莹，是《射雕英雄传》里的组合。江南七怪是郭靖最重要的启蒙师父，还是郭靖成为“侠之大者”的引路者。江南七怪里面，张阿生被陈玄风杀害，朱聪、南希仁与全金发都被欧阳锋杀害，韩宝驹被杨康杀害，韩小莹自刎，唯独柯镇恶幸免于难。

丘处机：《射雕英雄传》中的人物。全真教“中神通”王重阳的二弟子，道号长春子，他和其他六位同门号称“全真七子”。丘处机武功高强，性格豪放，因误会和江南七怪群殴了一场，不分胜败。于是，和江南七怪定了一场的赌约，让自己的弟子杨康和江南七怪的弟子郭靖十八年后比试一场，来决定双方的胜负。全真教掌门马钰去世后，丘处机接任掌门。

马钰：《射雕英雄传》中的人物。道号丹阳子，王重阳首徒，全真七子之一。马钰为人宽厚仁和，常行走江湖，救危济困，行侠仗义，在大漠游历时偶遇郭靖，并传授他道家内功“金雁功”。

欧阳锋：《射雕英雄传》中的头号反派与《神雕侠侣》中的人物，“天下五绝”之一，绰号“西毒”。他平生虽作恶多端，却始终极重承诺，武功登峰造极。后因逆练郭靖乱改的九阴真经而疯，不过他的武功更胜从前。他在第二

遇上黄蓉后，几度风雨，他成了东邪黄药师的女婿。又在黄蓉的神操作下，他们和归云庄、丐帮、南帝等团队建立各种千丝万缕的结盟关系，并且和全真公司的世外高人老顽童周伯通结拜了兄弟。纵观当时的江湖，这几种势力基本可以垄断各种资源、利益的分配。有谁想接个工程，搞个工作调动，让子女进个好学校、好班级，找个好老师什么的，找郭靖黄蓉帮忙肯定就能搞定。

但他们总觉得还缺一点东西，对，缺一样让江湖职场人士公认的牌子。找熟人帮忙摆平毕竟上不得台面，如果有一面能让大家公认的金字招牌，那调动资源就更加顺风顺水了。当时的职场江湖，入围华山论剑“五绝”是当之无愧的金字招牌。

第一次华山论剑，东邪、西毒、南帝、北丐、中神通，各施绝技，“五人口中谈论，手上比武，在大雪之中直比了七天七夜”，大家互相之间没有结盟，没有道德是非的约束，只以核心业务能力来争取金字招牌，王重阳虽技高一筹夺魁，但也历尽艰辛。

第二次华山论剑，西毒已疯，裘千仞因为道德原因被排除在外，南帝和老顽童周伯通没来，东邪，北丐和郭靖都是自己人。最高论坛的华山论剑变成了互相表演、互相吹捧、和和气气走过场的比赛。这次没有排名，就是东邪说自己女婿郭靖最佳，北

丐说自己徒弟郭靖最优，最后，郭靖当仁不让拿走了“最佳新人奖”。

扛着第二次华山论剑“最佳新人奖”的招牌和流量，郭靖成了江湖上业务高手和标兵。按照马斯洛需求的层次理论，郭靖满足了高层次的尊重需求，下一步就是人生价值的自我实现，这可是需要机会和平台的。这不，机会来了，蒙古大军的入侵，北宋的正规军一败涂地。郭靖在民族大义面前，挺身而出，和小时候的朋友割袍断义。在黄蓉的运作下，襄阳城上竖起了抗蒙大旗，顿时，他又成了道德模范，和他家族有各种关系的各个帮派、各个山头、各个团队蜂拥而至，建立了广泛的统一爱国阵线，女婿耶律齐也趁机沾光捞了个丐帮老大当当。

此刻郭靖是“侠之大者，为国为民”的代表，获得了职场的最大成就，婚姻家庭事业大丰收。有权势，有金钱，有地位，还有流量，他成了当仁不让的大明星。如果和黄蓉一起上朱军的《艺术人生》晒成功经历，“眼泪与口水齐飞，江湖共事业一色”，收视率一定不会低。

第三次华山论剑，郭靖是否入围“五绝”对他意义不大，所谓北侠只是给“华山论剑”这个牌子保持了含金量。

郭靖事业这么成功，固然离不开自己的刻苦和拼搏，离不开自己对人生善恶是非的分辨，但婚后

次华山论剑中先后击败郭靖、黄药师、洪七公三人，被三人公认为第二次华山论剑“武功天下第一”。多年后偶遇杨过，收其为义子传其武功绝学。后来他与洪七公在华山比武而油尽灯枯，临死前回光返照恢复记忆，两人互相拥抱大笑而逝。

裘千仞：《射雕英雄传》与《神雕侠侣》中的人物，法号慈恩，是湘西大帮铁掌帮的帮主。他在江湖上名声显赫，武功登峰造极，是江湖中可匹敌五绝的高手之一。他精擅铁掌功和轻功，所以外号“铁掌水上飘”。裘千仞有一孪生哥哥裘千丈，一妹裘千尺。在第二次华山论剑时，他被洪七公和一灯大师段智兴点化，皈依出家为僧，法号慈恩。他虽然出家，但难以遏制自己的恶念，还差点杀了郭靖的女儿郭襄，幸亏黄蓉模仿瑛姑刺激他，才让他离开。

最后慈恩在与蒙古国师金轮法王大战一天一夜后受重伤，得到瑛姑原谅后安详圆寂。

耶律齐：《神雕侠侣》中的人物，辽国皇族后裔，蒙古丞相耶律楚材次子。有兄耶律晋、妹耶律燕，后娶郭靖、黄蓉长女郭芙为妻，继任丐帮第二十一代帮主。他师承老顽童周伯通，协助郭靖守护襄阳。

的资源整合起了关键作用。

年轻人初入职场，个个风华正茂、情窦初开，如何在自己的花样年华找到对的人，考验着年轻人的智慧和眼光。“乱花渐欲迷人眼”，像郭靖一样多参加社团，多增加社会历练，多结识各类大咖，多学习业务技巧，让自己成为优秀的人，可能都是不错的路径和方法。但是，婚姻是一个人一生中最重要的资源重组机会，如果，在前行的路上，能找到情投意合兼资源加持的另一半，你的事业可能就会芝麻开花节节高。

这位大师为何被封杀

裘千丈造假

裘千丈，是金庸江湖中职场大咖裘千仞的双胞胎哥哥。虽然兄弟俩的名字只有一字之差，长得也不分彼此，但两人的业务能力却大相径庭。裘千仞的业务能力在江湖职场上颇有声望，人称“铁掌水上漂”。

第一次华山论剑时，王重阳、黄药师等五个大佬也曾邀请裘千仞参加，不过，他总觉得自己还略逊一筹，就婉拒不去。但能收到当时这么几个顶级大佬的邀请函，可见裘千仞确实有些本事，不是等闲之辈。裘千仞还是铁掌帮公司的CEO，门下弟子员工无数，江湖上还有不少的粉丝团队，铁掌帮公司也在他的治理下兴旺发展。而裘千丈是个不学无术的光棍汉，说白了就是个老混子。与业务能力一流的弟弟裘千仞相反，他的业务能力一般。不过他有一项专长——脸皮厚，会营销，经常冒充弟弟的身份行走江湖，一开始，他还真收获了不少点赞和鲜花。

金庸人物注解

裘千丈：《射雕英雄传》中的人物，出场较早。裘千丈是铁掌帮帮主裘千仞的孪生哥哥。他武功低微，常冒充其弟裘千仞的威名，在外招摇撞骗，后来失足跌落铁掌山中指峰而死。

朱聪：《射雕英雄传》中的人物，郭靖的二师父。他外号“妙手书生”，自创一路“分筋错骨手”，在“江南七怪”中排行第二，武功仅次于柯镇恶。但由于柯镇恶眼盲，朱聪实战能力位居七怪之首。并且朱聪最擅“妙手空空”的绝技，探囊取物百无一失。后来在桃花岛，他被“西毒”欧阳锋用蛤蟆功杀害。临死前，他偷取了杨康身上带着的小鞋子，后成为黄蓉破案的关键证据之一。

韩宝驹：《射雕英雄传》中的人物，江南七怪之一。他外号“马王神”，原是马贩子，身材极其矮胖。他是韩小莹的堂兄，擅使鞭法及马术，授予郭靖的武功为“金龙鞭法”，最后在桃花岛墓室中被杨康偷袭而死。

但凡大人物出场总是别具一格，让人印象深刻。但与这位假冒专家裘千丈一比，那就相形逊色了，“黄蓉一瞥眼间，忽见湖滨远处一人快步走来，头上竟然顶着一口大缸……轻飘飘地快步而行，那缸赫然是生铁铸成，看模样总有数百斤重……身子微摆，缸中忽然泼出些水来。原来缸中盛满清水，那是更得加上一二百斤的重量了。一个老头子将这样一口大铁缸顶在头上，竟是行若无事，武功实在高得出奇……只见那老者足不停步地从河面上走了过去，身形凝稳，河水只浸及小腿。他过了对岸，将大铁缸放在山边长草之中，飞身跃在水面，又一步步地走回。”

这情景看得郭靖和黄蓉二人立即拜倒，齐称：“晚辈叩见太公。”陆庄主惊道：“敢是江湖上人称‘铁掌水上飘’的裘老前辈？”座上宾是做定了。要知道达摩祖师过江也得要根芦苇，更何况裘千丈头上还顶着个几百斤的大缸。殊不知这老骗子只不过玩了一把“道具特技”，竟然把聪明绝顶的黄蓉都给唬得云里雾里。要是刘谦看到这位史上最早动作特技演员，马上就要拜师学艺了。

这裘千丈为何屡屡出来搞个学术造假，到处招摇撞骗呢？这也不能全怪他，他这个做大哥的，处处都不如自己的弟弟裘千仞，顶着个“大哥”的称号，却毫无“大哥”的本事和风范。家庭地位不高，社会上更是无人知跷，他心里不舒服也是难免的。而冒充弟弟则是收割名利和粉丝的捷径，最坏的结果就是被弟弟知道后，最多骂几句就了事，裘千仞根本不会和他这个哥哥对簿公堂。

我们太多人都好面子，希望自己有高贵的家族血统、辉煌的历史传承，并希望借此来抬高自己。然而，现实中并不是人人都有值得炫耀的资本。于是，无中生有、夸大其词。往轻点说叫粉饰，流行点叫作秀，文雅点叫包装，往严重点说，实际就是学术造假，招摇撞骗。

“一定得选最好的黄金地段，雇法国设计师，建就得建最高档次的公寓……楼里站一个英国管家，戴假发，特绅士的那种。业主一进门儿，甭管有事儿没事儿都得跟人家说‘May I help you，Sir？’一口地道的英国伦敦腔儿，倍儿有面子。”还记得电影《大腕》中这段经典台词吗？在令人爆笑之余，其实也折射出面子心理。打肿脸充胖子的事情，在我们身边也不少见，明明没有那个金刚钻，为了虚名和利益，偏要揽那个瓷器活。可能他会获得一时的成功，但随着骗局的被揭穿，结果会害得自己苦不堪言，最终身败名裂。

除了面子问题，这学术造假，有时却真能解决某些问题。裘千丈就是一个例子，他靠着造假、招摇撞骗、说大话营生，活得很好，不但被大金王朝聘为贵宾，还差点儿迷惑了一大帮子的各类专家，那些不知底细的人被他唬得一愣一愣的。

“只见裘千仞盘膝而坐，双目微闭，嘴里正喷出一缕缕的烟雾，连续不断。”人家是吹牛，他是吹烟雾，性质一样。结果是“黄蓉笑道：‘这老头儿好玩得紧，肚子里生了柴烧火！’陆庄主道：‘那你又不懂啦，这是一门厉害之极的内功。’”骗倒了陆庄主，强化了裘千丈在陆家庄的贵宾地位。

“裘千仞站起身来，走到天井之中，归座时手中已各握了一块砖头。只见他双手也不怎么用劲，却听得格格之声不绝，两块砖头已碎成小块，再捏一阵，碎块都成了粉末，簌簌簌地都掉在桌上。席上四人一齐大惊失色。”

“裘千仞微笑不语，左手握住酒杯，右手两指捏着杯口，不住团团旋转，突然右手平伸向外挥出，掌缘击在杯口，托的一声，一个高约半寸的磁圈飞了出去，跌落在桌面之上。他左手将酒杯放在桌中，只见杯口平平整整的矮了一截，原来竟以内功将酒杯削去了一圈。”

结果，连江南七怪这样的老江湖在内，都被他骗了。若不是后来江南七怪之一的朱聪妙手空空，偷了他的道具，及时揭穿了裘千丈的骗术伎俩，恐怕他还会一直这样造假下去。

其实，学术造假背后的根本是利益驱使。毕竟，做学术业务需要潜心钻研，还要“衣带渐宽终不悔”的定力和坚持，这是一件多累、多辛苦的事啊！在这种学术与利益直接挂钩的驱使下，不少人为了利益采用非正当的手段获得所谓的学术成果。职场人士中，有人为了评职称花钱买论文发表，也有人雇枪手做课题，更有人直接买国外文凭给自己脸上贴金……这一切种种，若不是为了利益，谁又有那闲工夫折腾呢？

然而假的终究是假的，它迟早会露出马脚。当妙手书生朱聪将裘千丈学术造假的道具公之于众，细看不过都是一些假学历、假证书之类的东西。就这样，裘千丈靠着学术造假混吃混喝的日子结束了，只得灰溜溜地离开了归云庄。遗憾的是，在遭到严厉打击后，裘千丈并没有吸取教训、浪子回头，而是更加变本加厉地四处坑蒙拐骗。最后，在铁掌峰上，裘千丈想抢夺黄蓉的品牌座驾，结果因空中交通事故而坠入万丈深渊，无奈虽名为千丈却也够不上来，就永远被封杀了。

所谓“长江后浪推前浪，世上新人赶旧人”，眼下造假手段更是令人眼花缭乱。所以职场人士碰到那些“专家、大咖、名流”，一定要多个心眼，防止上当。

一方面，我们在心里不能迷信专家权威。像陆庄主一听裘千仞的名头，得知他曾经拿过华山论剑的门票，心里就先入为主，觉得这位专家的能力肯定硬核，根本没去想此裘千仞非彼裘千仞。

另一方面，我们要敢于挑战专家权威。那些伪专家往往会故弄玄虚，进行一些似是而非的表演。但一动真格，就会原形毕露。当裘千丈欺负郭靖的三师父马王神韩宝驹时，郭靖挺身而出，和裘千丈杠上了，随即，这个伪专家的真实水平就露了馅。现实中，那些伪专家最喜欢跟大家玩概念，讲一些不接地气的理论和创新。你跟他讲管理，他跟你讲文化；你跟他讲文化，他跟你讲情怀；你跟他讲情怀，他跟你讲奉献；你跟他讲奉献，他又跟你讲管理……对这些伪专家一定要让他解决实际问题，是马是驴拉出来遛遛便见分晓。

还有，摸清那些伪专家的老底可以用非常规的手段。现在大家了解专家一般是上度娘搜一下，可是，你怎知道这些伪专家的骗术已经产业化了。幸亏，裘千丈这个“李鬼”料不到还有妙手空空的朱聪掏了他的腰包。学术造假事关一个人的职业道德，一个人想在职场江湖做的好、走得远、飞得高，就必须加倍珍惜自己的羽毛。如果一个人为了自身利益走捷径，做了一些违反诚信、违背职业操守的事，那就有了道德上的污点，这个污点将会伴随一生，永远无法洗白。而时刻遵循职业道德，并树立自己的诚信和人品的标杆，假以时日、日积月累，这一切都会成为行走江湖职场的核心竞争力。

要敢于承认错误

康熙为什么放过韦小宝

有一天，韦小宝正手舞足蹈地向他的老板——大清王朝公司CEO康熙汇报工作。内容无非是领导万分英明，下属十分努力，成绩非常显著等场面套话。康熙突然冷笑道："天父地母，反清复明！韦香主，你好大的胆子呐！"韦小宝一下子就像六月天被丢进了冰窟窿，毛骨悚然，心想自己走钢丝玩无间道的阴谋败露了。

韦小宝当下更无迟疑，立即跪倒，大叫："小桂子投降，请小玄子饶命。"康熙一听到昵称，神色稍有缓和。于是，韦小宝就把自己搞无间道的一系列情况，一股脑儿抖落了出来。康熙听得很认真，到关键节点，他总是细细查问，韦小宝一一回答。

由于韦小宝问题交代清楚，思想认识深刻，大体上也没有做对大清王朝公司不利的事，而且还几次奋不顾身地保护领导。康熙综合考虑，竟然放过了韦小宝。要知道，按照大清王朝公司的规定，在最高领导人身边搞这种间谍活动，韦小宝就是有三

金庸人物注解

风际中：《鹿鼎记》中的人物。风际中是天地会青木堂的成员，他表面寡言少语、忠厚老实，实则心狠手辣。他是康熙皇帝安插在天地会的卧底，后被双儿用火枪所杀。

个脑袋也不够砍的，康熙为什么这次就这么轻易放过了他呢？

康熙和韦小宝小时候在宫中偶遇，互相不知道对方的底细，各自化名“小玄子”“小桂子”，玩过家家游戏。平时由于其他人知道康熙身份，玩游戏自然让着他，康熙根本是胜之不武，所以往往兴味索然。而韦小宝和他年龄相仿，全情投入，却总是略逊康熙一筹，让康熙在游戏时享受到了胜利者无与伦比的喜悦，因而二人结下友谊。

后来，韦小宝又在帮助康熙除掉鳌拜、清除假太后、保护顺治、抓住吴应熊、剿灭神龙教等一系列重大事件中，立下汗马功劳。更难得的是，他还在五台山当肉盾，替康熙挡了九难尼姑一剑，救了康熙一命。应该说，韦小宝在康熙心目中还是有一定地位的。

可是，领导者的内心是冷酷的，所有对他有威胁的因素，他都会予以彻底清除。韦小宝和他的友谊以及立下的功劳，不足以成为他放过韦小宝的理由。

康熙作为一个优秀的领导者，他的心思是缜密的。看似平时他和韦小宝很随便，其实，他早早就多了个心眼，很早就在韦小宝身边安排了“云监工”，韦小宝的一举一动，他通过风际中这个卧底掌握得清清楚楚。如果韦小宝抱着侥幸心理而矢口狡辩，康熙必定会从自己的安全出发，宁信其有，不信其无，先把韦小宝关进黑屋子再说。这样的话，韦小宝就没有机会了，毕竟这是确有其事。

而韦小宝毫不犹豫地认错，康熙就受好奇心的驱使，细细和韦小宝印证，在抽丝剥茧中享受寻求真相的愉悦，这无形中就给了韦小宝一个机会。韦小宝这张嘴，本来就能把一尺水吹成百丈波，他的一声“小玄子”，打出了温柔的亲情牌，略微缓和了气氛。再仔细全盘说出在天地会公司无间道的全部细节，满足了康熙的好奇心。加上韦小宝在叙述时时刻不忘表白自己的忠心，自己加入天地会公司实属被逼无奈等等。康熙心一软，就放过了韦小宝，甚至也不要求韦小宝交“投名状”，去注销清除天地会公司一干人等。韦小宝的及时认错，重新获得了康熙的信任。

身在职场，每个人难免在知识结构、工作经验等方面存在短板，可能有时候会做出错误的决策，这都是非常正常的。人非圣贤，孰能无过？关键是能不能做到“过而能改”。

要改正错误，首先要敢于承认错误。但是，敢于承认错误，并不是一件容易的事。因为人的天性决定每个人总会在自然或不自然的情况下，维护自己已经说出去的观点，从而保护自己的自尊。即使错误决策造成了较大损失，已经有领导或者同事提出批评意见的情况下，仍然会替自己的错误找理由，甚至花言巧语推卸责任，找替罪羊。因此，如何破除不敢承认错误的“心中贼”，是每个职场人士需要修炼的基本素养。

作为一个领导者，要做勇于承认错误的表率，不要担心因为认错而导致威信受到影响。

由于领导者位高权重，如果一旦决策失误，又没有纠错机制的话，造成的损失往往不可估量。但是，过则勿惮改，领导者如果能够带头勇于承认错误，则会给整个团队树立谦逊自信的良好形象，从而能更好地推动工作。

公元前 178 年，天上出现了日食，这在当时可是件了不得的大事，吓坏了大汉王朝公司 CEO 汉文帝刘恒和他的员工臣民们。刚刚接盘不久的他，马上向全国人民检讨，发公告把自己狠狠骂了一通，说自己德行有亏，才导致日食。这是中国历史上皇帝的第一份“罪己诏”。本来大家人心惶惶，CEO这么一出头骂了自己，大家觉得既然有人担责，心也就安定了，就该干嘛干嘛去了。你看看，刘恒敢于把这些破事都揽到自己头上认错，消除了当时百姓的恐慌，稳定了社会秩序。大汉王朝在他的带领下，整个社会经济得到了稳步发展，刘恒的风评反倒更好了。

承认错误的前提是能发现自身的错误，而发现自身错误是一件难事，需要智慧。古人提倡“一日三省吾身”，就是要解决内省问题。以人为镜，则是提倡外部监督。所以一个人在公司里不仅仅只是埋头干活，沉浸在自己的世界里，还要经常听听不同的意见，特别是一些尖锐的意见，可能对你更有参考价值。只有做到自省、自律，虚心接受别人的批评意见，才能更好地认识自身的局限和差距，为下一步的承认错误打下思想基础。

认识了自身的局限和错误，也要有勇气去承认，但承认错误也要注意方式和方法。

一方面，要从思想根源去分析错误形成的原因。一个人工作失误的原因是多方面的，有的是拍脑门决策的经验主义，有的是管理放松而导致操作层面执行走样，有的是前期尽职调查不深入盲目上马等等。要分析清楚问题到底是自身的主观问题，还是客观的环境变化……只有弄清了问题的原因，你向领导承认错误、向下属检讨问题才能有的放矢，精准而深刻，而不是简单言不由衷的一句“我错了”，走过场了事。不然，这样既不利于你业务能力的提升，更不利于你事业的发展。

另一方面，也要对错误造成的损失提出合理的补救意见。一个人犯错造成的损失是多方面的，有的是经济损失，有的是人才流失，还有的是团队凝聚力的涣散问题等等。要针对具体损失状况，拿出合理分类施策的建议。相对而言，一个人既然诚恳地认识了错误，他作为具体操作者，他提交的补救方案应该针对性较强。绝对不能错误认识深刻，问题应对失策，把纠错工作当作秀游戏，简简单单把损失当作交学费，这种“崽卖爷田不心疼”的做法是愚蠢的。

只有认真承认错误并积极做好补救整改，你的领导和下属才会觉得你是真心承认错误，也诚恳地改正错误，他们就会认可你的胸襟和气魄，重新和你建立信任关系。说不定你可能还会因祸得福，集聚更多的人气。因为一个错误的产生，往往不仅仅是一个人的责任，既然你站出来当了背锅侠，很多潜水的责任人，也许还会因此对你心怀感激呢。

第四章

聚合资源 成就一方

有话好好说

韦小宝的说话艺术

> **金庸人物注解**
>
> **索额图**：历史人物。康熙八年（1669年）至康熙四十年（1701年），索额图先后任国史院大学士、保和殿大学士、领侍卫内大臣等职，参与许多重大的政治决策和活动。索额图一生辅佐康熙帝计擒鳌拜，平定三藩之乱，代表清廷签订中俄《尼布楚条约》。从征叛乱的准噶尔部首领噶尔丹，官至议政大臣，一等公。索额图也是《鹿鼎记》中的人物，韦小宝的结拜兄弟。
>
> **玄贞**：《鹿鼎记》中的人物。玄贞道人，隶属

大字不识的韦小宝在职场道路上越走越顺，最后大红大紫，虽然有运气成分，但他每次能把话说圆、把话说好，最终把对方带进自己的节奏，成为自己的支持者，是他成功的最大秘诀。先来看看他是怎么说话的。

韦小宝讲话，时刻突出领导的决策正确和光辉形象。他初入职场化名"小桂子"的时候，和大清王朝公司的CEO康熙，在皇宫中通过玩过家家的游戏，一举制服对康熙威胁最大的政治对手鳌拜。当公司高管索额图在现场说韦小宝功劳不小时，韦小宝赶紧正色地说："那是皇上的福气，咱们做奴才的有什么功劳？"不但不居功自傲，还把业绩归功于领导，一下子就把领导的形象拔高了。虽然，康熙内心非常明白"小桂子功劳大"，但千穿万穿马屁不穿，康熙看韦小宝这么吹捧自己，他却还这么低调，当场"深感欢喜"，韦小宝因此就走上职场事业发展的快车道。

韦小宝虽然经常说谎，但该说真话时，就说得很是真诚。他加入地下组织天地会公司，担任分公司负责人，由于初来乍到，根本没有影响力。当他的下属玄贞道长面上奉承他时，他说：“自己兄弟，你也不用捧我啦。韦小宝虽然充了他妈的香主，武功见识哪里及得上各位武林好手？”一句真实的大白话，不仅客气地指出了自身的不足，还抬高了天地会这伙人的能力水平。领导口中这么肯定自己，天地会这批人内心肯定会热血沸腾一阵子，对韦小宝的好感立马增加了。后来韦小宝在天地会人气就渐渐看涨。

韦小宝平时和基层一线员工交流时，讲话不摆谱，也很实在。地下组织沐王府公司的人到皇宫搞暗杀活动，几位安保人员受了伤。韦小宝主动上前慰问，还把他们的名字和伤势了解得很详细，说这样可以在向上申报大家功劳的时候，能更详实、更精准。这些安保人员看到韦小宝这个大领导这么及时送温暖，话又说得这么具体实在，大家心里不禁感到暖呼呼的。这些人都成了韦小宝的铁粉，他以后组织“无间道”的活动就方便得多了。

韦小宝讲话也很懂得变通创新。在神龙教公司，所有员工歌颂领导时，都说：“教主仙福永享、寿与天齐。”可他偏偏却说：“教主与夫人仙福永享、寿与天齐。”还说教主只有和美貌夫人相伴，寿与天齐

天地会青木堂，韦小宝的部下。

赵良栋： 历史人物。字擎之，号西华，宁夏银川人，清朝名将，河西四汉将之一。赵良栋原是陕西绿营守备，后随洪承畴经略云贵，累升至广罗总兵。康熙十一年（1672 年），调任天津。三藩之乱时，赵良栋升任宁夏提督，平定驻军叛乱。后率部进入四川，夺取成都，升任云贵总督、兵部尚书。但因生性亢直，受权贵排挤，遭到降职，遂告病回乡。后来，赵良栋恢复将军、总督官职，并封一等子爵。赵良栋也是《鹿鼎记》中的人物，韦小宝的结拜兄弟。

才有意思。这本来是鬼话，但讲得这么妥帖有趣，洪夫人“笑得尤似花枝乱颤”。夫人开心了，领导自然开心。韦小宝立刻受到奖赏，担任了神龙教公司的重要职位，在职场江湖上，韦小宝又多了一份资源和门路。

韦小宝还善于逆向思维，有时讲话能一言中的，打动对方的小心脏。康熙让他带人去消灭王屋山的叛乱分子，韦小宝挑选助手时，选上了大胡子赵良栋。两人在后来闲聊时，韦小宝说了挑选赵良栋的原因。他说：“我心中有个道理，凡是没本事的，只好去靠拍马屁升官发财；不肯拍马屁的，定是有本事之人。你不肯拍马屁，定是有本事的。”赵良栋听了这句话，这个爽啊，就像三伏天端着冰淇淋，心里的快意久久不化，感到韦小宝慧眼识英雄，简直就如他的再生父母一般。简单明了的几句话，让能力才华出众的赵良栋成了韦小宝的死党。赵良栋后来步步高升，当了大清王朝公司的高管，手握重权，几次解救韦小宝于危难之中。

韦小宝妙语叠出的桥段层出不穷，他虽然大字不识，但与人相处时却通过把话说好，来抓住别人的心，不断收获信任与友谊。他的人脉基本盘因此越做越大，助推他在事业上从成功走向了辉煌。

身在职场，人际交往频繁，经常能从不同角度说出让领导、同事、对手都开心的话，需要智慧。心理学研究表明，被人尊重是每个人内心的一种高级需要。大家都希望别人尊重自己，期待自己的能力水平得到认可和赞赏。一旦这种需要从别人的口里得到满足，就会产生快乐分子多巴胺，内心就会充满自信，感到自身存在的价值，从而会在工作中产生强大动力。而对肯定欣赏自己的人，内心会产生认同感，对对方的好感会慢慢增加。

但是把好话说好，让对方产生共情，也不是一件容易的事。讲话的技巧有很多，最关键的一点是要从对方的需求入手，讲出他喜欢听的话。就像皇宫里的那些安保人员，拿着不高的工资，日夜巡逻，保卫老板的安全，一不小心却被沐王府的人溜进来，闹了个一片狼藉，内心肯定战战兢兢，害怕被追责。而韦小宝这个领导却充分肯定大家的辛苦，还认认真真问了基本情况，说为了更好地写请功报告。领导既然说可以给大家请功，哪还会再给大家追责呢？这些安保人员内心的担忧一扫而去，悬着的心也放了下来，韦小宝立刻收割了这些基层安保人员的友谊。

把好话说好，也不是简单地说你好我好大家好，比如人家身高不到 1.7 米，你还说他高大伟岸，这就略显尴尬了。说人家好也要言之有物，击中听者的内心深处。就像赵良栋，端着体制内饭碗，一身才华，久久不得升迁，看着一些溜须拍马的却能官运亨通，心里肯定是几万匹马在奔腾。当他看到韦小宝小小年纪当了大官，认为他也是溜须拍马之徒，所以不给韦小宝好脸色看。哪知道韦小宝看人却是反其道而行之，偏偏根据这一点认定他有本事。赵良栋一下子从内心把韦小宝引为知音，“士为知己者死”一定是他当时的内心独白。而很多人讲好话时却只会泛泛而谈，根本没有针对性。只会把“你真行”“你真厉害”等等这些空洞的好话挂在嘴上，这样的话让人听过去，就觉得你是在敷衍。如果说出“你真行”具体的点，那就可能会很快拉近你与对方的内心距离，获得对方的认同。

有时讲人家好话的点也需要挖掘。比如你手下一个销售主管，是一头兢兢业业的老黄牛，你觉得要公开表扬，树立标杆。但他一段时间以来，销售业绩一般，你如果仅从工作态度上表扬，效果一般，还会让其他员工不服。可是，你稍微一深入，发现这位销售主管区域范围内门店陈列做得很好，说明他客服关系处理得好；销量不好，但客户数增加了，说明他基层微量客户发展得好，这可是今后提升市场占有率的有生力量。如果你在员工大会上把这位销售主管这两项成绩进行表扬，大家就会心服口服，还会感到你这个领导工作很深入，做人有温度，那个销售主管更会打心底感恩你。

褒奖人不一定都要当面讲好话，有时背后讲人家好话，可能更有放大效应，取得的效果也会更好。

清末外交家曾纪泽在 1878 年秋，要出任大清王朝驻英法大使，慈禧对他进行了例行接见。在寒暄中，双方自然而然地提到了曾纪泽的父亲曾国藩。慈禧为了笼络曾纪泽，说了一句："国运未昌，曾国藩就去世了，现在全国的大臣，多数是自私自利，贪生怕死，不敢为国做事的，像曾国藩这样为国鞠躬尽瘁的好臣子，真不多。"慈禧说的也算真话，曾纪泽如果唯唯诺诺不搭腔，也算本分之举。但曾纪泽马上说："其实也有，例如，李鸿章、沈葆桢、丁宝桢、左宗棠，这些都是忠臣。"其实这几位平时未见得就和曾纪泽是死党，但曾纪泽背后这么一说，那些秘书、记录员等人自然会把他背后讲人家好话的段子讲出来。想必曾纪泽也会让这些职场大咖们高看一眼，且不说他因此会得到多少明显的助力，但最起码在有意无意之间，他职场的前行之路，肯定会少了许多阻力和羁绊。

说到底，有话好好说，离不开读书思考，需要时不时地琢磨和修炼。而当你达到"世事洞明皆学问，人情练达即文章"这样的境界时，或许，有话好好说就会成为你的本能。

谈判是重要的工作技巧

韦小宝签约尼布楚

从康熙父亲顺治时代开始，大清王朝公司北方的罗刹国就觊觎物产丰饶的中国黑龙江一带，派遣哥萨克骑兵不断入侵，还在西伯利亚的托木斯克、叶尼塞斯克、雅库茨克、雅克萨等地筑墙修城，建立根据地，“决意将黑龙江一带广大土地卷而有之”。为了巩固边防，大清王朝的CEO康熙皇帝，派有过罗刹国生活经历的韦小宝带领大部队，奔赴北疆，力争打几场大的歼灭战，再寻求和平谈判，从根本上彻底解决这个心腹之患。

韦小宝不负众望，连续打了几场胜仗，击毙了对方数千名士兵，收复了雅克萨城。由于西伯利亚一带冬天天寒地冻，大清王朝和罗刹国的后勤保障都有很大的困难，大家都耗不起，于是双方决定在尼布楚进行和平谈判，解决争端。

韦小宝本是不学无术，却担任谈判的首席代表，佟国纲、索额图这几个副代表从内心里看不起韦小宝这个“小丑弄臣”，巴不得他出丑露乖，贻笑外

金庸人物注解

佟国纲：历史人物。佟佳氏，清朝大臣、外戚，隶属满洲镶黄旗，太子太保佟图赖长子，孝康章皇后之兄，康熙帝的舅舅。康熙二十七年（1688年），随从索额图与沙俄订立《尼布楚条约》，保护清朝的北部边界安全。佟国纲也是《鹿鼎记》中的人物，协助韦小宝担任与罗刹国谈判的副代表。

费要多罗：《鹿鼎记》中的人物，担任罗刹国首席谈判代表。韦小宝故意在兵营中对他放松管制，散布假消息让他上当，结果和韦小宝签订了对中方有利的《尼布楚条约》。

邦。可韦小宝谈判时却偏偏智计百出，和罗刹国谈判大臣针锋相对，丝毫不落下风。

韦小宝善于抓住对方语言表述漏洞。比如，罗刹国的谈判代表费要多罗说，只要罗刹人占据过的地方就是罗刹国的领土；索额图插话说中国蒙古人曾经占领过莫斯科，那莫斯科也应该是中国领土。韦小宝本来不懂这个知识点，一听到索额图这么说，他就兴奋得理不让人，反复以费要多罗之矛攻费要多罗之盾，怼得费要多罗目瞪口呆、哑口无言。

韦小宝还会创造性地解释对方的观点。比如，费要多罗表示，他们对这次谈判抱有极大诚意，“双方必须公平，谁也不能欺负对方”，提出两国以黑龙江为界，江南属于中国，江北属于罗刹国。韦小宝提出，最大的公平就是双方平分土地，北京到莫斯科要三个月的路程，那么，双方应该各以首都出发一个半月路程为单位划分土地，这样才是真正的公平。费要多罗对韦小宝这样的无赖说法气不打一处来，却无法一下子把平分土地和是否公平讲得清楚明白。

韦小宝还提出北京到莫斯科的土地划为十份，通过掷十场骰子的胜负来决定土地归属。可怜的费要多罗哪里见过国家领土争端的大事，竟然可以用掷骰子这样的儿戏来解决，内心不知道有几万匹马奔过，却无从发泄。

韦小宝还懂得揣摩对方的心理。他明知道战争是双方都耗不起的游戏，却偏偏故意说自己的老板虽然不希望打仗，但他和将军们希望打得越热闹越好，因为他们可以通过战争封官进爵、捞取好处。让费要多罗感到谈判中如果己方要价过高，一旦发生战争，他不但寸功不得，还有可能会承担责任，所以在心理上，就不敢提过分要求。

还有，韦小宝从另外渠道得知，罗刹国和它北边的瑞典国关系紧张，战争可能一触即发。他就故意说，瑞典国已经派了代表团要和大清王朝结盟，双方联合夹攻罗刹国。这更把费要多罗吓得不轻。因此，费要多罗在内心就给自己划定了红线，只要条件差不多，这桩买卖就要及早敲定。

另外，韦小宝在谈判桌外也做了充分的准备。费要多罗在谈判中，实在忍受不了韦小宝这种“漫天开价、坐地还钱”市井无赖的谈判做派，就暗中指挥他的哥萨克骑兵，想给韦小宝来个下马威。哪知道韦小宝未雨绸缪，早早暗中布置了藤牌兵。双方一接触，哥萨克骑兵的马腿被砍断了不少，一下子就溃不成军，束手就擒。结果还被韦小宝指控违反双方的事先约定，连费要多罗在内，都被给割断了裤带子。可怜的费要多罗在其后的谈判中，要端着裤腰带和韦小宝谈判，想挥舞双手，慷慨激昂地说几句也没办法做到。大国使臣这么屈辱，费要多罗简直连死的心都有了。

而且，韦小宝更会对他肚子里有限的知识加以活学活用。费要多罗虽然在谈判桌前一筹莫展，但他“从衣袋中取出一块手帕，包在自己嘴上，绕道脑后打了个结，意思是说决计不谈”。谈判进入了僵局，佟国纲、索额图这些家伙虽然学问深，但面对谈判对手这种死猪不怕开水烫的套路，根本就束手无策。然而，韦小宝这个市井无赖却按照“蒋干盗书”周瑜的做法，晚上故意对费要多罗放松警惕，让他能够在军营里四处乱串。韦小宝自己和手下的员工们进行了剧本杀的表演，大家按照剧本要求，装模做样地调兵遣将要偷袭莫斯科，恰恰留了一个管理空档，让费要多罗看得仔仔细细。费要多罗明明上了大当，却还在心里暗暗得意“上帝保佑，让我发现了中国蛮子这个大诡计，可见我王朝得上帝眷顾，定然国运昌隆”。这个费要多罗的智商真和一千多年前的蒋干差不了多少。

战场上没有必胜的把握，谈判桌上玩不过韦小宝这个市井无赖，而且，还要担心韦小宝出奇兵偷袭莫斯科，在这多重压力下，费要多罗只能步步退让，而韦小宝也懂得借机借坡下驴、见好就收。最后，双方签订了让大清王朝大占便宜的《尼布楚条约》，划归大清王朝公司的领土达二百多万平方公里。而且，“中国的东北边境获得了一百五十余年之安宁”。

身在职场，谈判是一项重要的工作技巧。职场谈判，它有一定的规律可循，是一门科学。但谈判又受双方语言表述、节点把握等因素影响，所以，在现实中更是一门艺术。虽然大家不一定碰到像韦小宝签订《尼布楚条约》、解决领土争端这么重大的工作任务，但如何在谈判中知己知彼，让己方的利益最大化，是每一个职场人士必备的能力素质要求。

在市场竞争日趋激烈的今天，谈判技术已经发展成集社会学、行为学、语言学、心理学、逻辑学、传播学、公共关系学等诸多学科为一体的的综合性学科。职场人士想要在谈判桌上取得成功，甚至还要懂得表演艺术和行为艺术。一个人提高谈判水平是门大学问，也是对一个人能力才干的综合考量。如果你能够经常在谈判桌上为公司争取利益，你肯定会受到同事的膜拜，也会成为老板眼里的“香馍馍”。

佟国纲、索额图参与谈判时，听到韦小宝东拉西扯，什么二一添作五，又是掷骰子又是划界限，明明是胡说八道，但却偏偏让费要多罗气焰大挫，他们心里也对韦小宝这个市井流氓另眼相看，觉得只有他才能“以蛮制蛮”。韦小宝回到北京后，老板康熙听了他汇报攻克雅克萨、划界订约的具体情况，也觉得韦小宝谈判时不按常理出牌，却能够让大清王朝公司的利益得到最大的保障，是不可多得的优秀人才。康熙还对韦小宝和他的七个太太以及子女都发文件进行了表彰奖励。曾被打入冷宫的卧底间谍韦小宝，凭着这次谈判桌上的胜利，又成了康熙老板身边须臾不离的大红人。

谈判桌上没有绝对的正确方法，只有能够确保己方有利的办法就是最管用的办法。

拒绝要恰到好处

多隆的有言在先

多隆是大清王朝公司CEO康熙的安全保卫总监，虽然位高权重，但在《鹿鼎记》一书中只是个小配角。他和鹿鼎公韦小宝称兄道弟，经常一起撸串，一起泡吧，关系不是一般的铁，还时不时地给韦小宝捧哏，凸显韦小宝的聪明机智。有一次，他却旗帜鲜明地拒绝了韦小宝的请托，不由得让人对他刮目相看。

有一天，韦小宝的职场引路人茅十八突发奇想，跑到北京闹市区大骂康熙和韦小宝，骂不了几句，就被多隆手下抓住。由于兹事体大，多隆直接报告给了老板康熙。康熙大笔一挥，批示第二天就要处决茅十八，并且命令韦小宝担任现场监督。

这个茅十八当年把韦小宝从扬州的妓院带出来，一路上教韦小宝职场江湖的基本规则，还给他起了别号“小白龙”。可以说，茅十八是韦小宝心目中第一个把他当作平等身份看待的职场人士，对韦小宝有知遇之恩。所以，韦小宝此刻是非救茅十八不可。还好，茅十八在自己兄弟多隆的手上。

为了解救茅十八，韦小宝就安排了一个局，请多隆和他的手下到自己家里喝酒。酒酣耳热之际，韦小宝拿出100多万两的银票，以大家帮他讨债“辛苦费”的名义分给了多隆他们。要知道，这些保卫人员年薪才几十两银子，一下子每个人都可以拿到几千两银子，这可是一笔巨款啊。拿回家，什么买房子的首付、孩子出国留洋的学费、太太的爱马仕系列……都有了着落，回家太太肯定要大力夸赞的。所以，这次韦小宝的手笔不是一般的大，为了救茅十八，他真是豁出去了。

然后，韦小宝又放下架子和大家赌钱。赌到二更时分，韦小宝开口了，时机掌握得很好，他说："大哥，兄弟还要求你一件事。"多隆刚好赌钱手气好，心情也就好，笑道："好，不管什么事，只要你吩咐。"韦小宝看有戏，本来蛮开心，可是多隆又说："就只一件不成！那个骂街的疯子，皇上吩咐了要我严加看管，明天一早由你监斩。倘使我徇私释放，皇上就要砍我头了。"没等韦小宝再开口，多隆就有言在先，干净利落地拒绝了韦小宝，而且理由说得清清楚楚，老板亲自交代，咱不是不想给你面子，这实在是干系太大，兄弟我担待不起啊！

身在职场，碰到困难问题，互相请托，是一件很正常的事，特别是一些重要岗位，更是经常被人电话、短信、微信轰炸，各类要求帮忙的请托层出不穷。什么孩子就业、读书、工作调动、工程发包、货款支付等等，有的事项甚至还会触犯原则红线，根本无法操作，还有的事项则帮助办起来费时又费力，搞得不好还会影响自己工作效率和公众形象。但是，别人找到你要求帮忙，是对你能力的认可和人品的信任，如果不分青红皂白一概予以拒绝，就会影响你在职场的人脉和口碑。所以，在职场能恰到好处地掌握拒绝技巧，把一些看不准的请托事项及时拒绝，既能让自己从琐碎中脱离出来，又尽量能做到不得罪人，这是一门值得揣摩的技术活。

首先，学会拒绝要敢于说“不”。

每个职场人士，都应该对请你帮忙照顾的事项做个梳理分析：有哪些是违反工作原则底线的，哪些又是超越你职责权限的，还有哪些是中间人请托的等等，都要做好区分。像违反工作原则底线、超越你个人职责权限的，肯定要第一时间予以拒绝。可有的人总是“心太软”不愿得罪人，拒绝的时候含含糊糊不彻底，或者想拖长时间，万一运气好，请托的事通过其它途径得到了解决，自己还可以邀功呢！其实，如果你对别人请求帮忙的事拒绝不彻底，以“想想办法”“看看情况”等托词拖时间，就无形中给人抱以幻想的空间，他可就会时不时地发信息微你一下盯着你，你的工作情绪都会受到影响。他甚至感到光说不练还不行，对你采取措施，加大投入，“糖衣炮弹”打过来，那你就更是不堪其扰了。多隆和韦小宝这么铁的哥儿们，一句有言在先就封了门，自己也就少了烦恼，可以继续安安心心打牌赌钱，是非常有智慧的表现。

比如，还有一些商务合作项目，本来就需要双方互相认真考察，再接着两厢情愿一起找方法路径。如果一方感到对方的某些条件不适合，那就要及时要求更改或者叫停，不能囿于亲商尊商的面子而不敢开口说“不”。商务合作就如同恋爱相亲，不以结婚为目的的恋爱就是要流氓，如果条件不合适不及时叫停，把对方从小姑娘拖成老大妈，浪费了对方的时间成本，甚至丧失机会，是不道德的做法。而对于公司经营者来说，在当下效率至上的时代，你这家公司如果不懂得及时拒绝看不准的项目，经常造成对方时间精力无效的的投入，那么，你这家公司在职场江湖的口碑就砸了，和你当初想亲商尊商的初衷更是背道而驰。

从另一方面来说，你敢于说“不”，直接拒绝超越自己职责权限和能力范围的请托事项，于己于人都是负责的表现。当时你拒绝了，对方可能一下子会有点儿不理解，但他想到此路不通，可以另辟蹊径，说不定还真的通过其它渠道办成了此事，这何尝不是一件好事。这样你没有浪费他的时间和感情成本，回过头来，他也会理解你的苦衷。如果你没有及时拒绝，就等同于答应帮忙，这就是一份沉甸甸的责任。如果不在你的职权范围，你又要挖空心思再找人帮忙，万一没有进展，你又要回头向对方解释，明明是他请你帮忙，可却好像是你欠了一笔人情债似的。很多人从来只关心你飞得高不高，很少有人来体谅你飞得累不累。你不及时拒绝，人累心更累，吃力不讨好，这又是何苦呢？不如当初一句“力有不逮，敬请谅解”的婉言拒绝，是何等的睿智和轻松。

其次，学会拒绝还要善于说“不”。

在内心决定了拒绝，但通过怎样的方式和语言表达，值得斟酌。因为，能找到你的人，基本上是你不好得罪的人。如果直白地说这不行那不行，那立马把人都得罪光了，你很快就成孤家寡人一个。所以，把话说好说圆，很考验你的智慧。

一方面，你要诚恳地说好你的理由。认真和对方分析请求帮助的事项，要从事情的合法性、可行性、操作性等方面进行探讨，也要从自身的工作职责权限、业务能力范围、人脉资源局限等角度进行阐明，让拒绝的理由显得充足。多隆对韦小宝的请托，首先一句话是“只要你吩咐”，表明咱哥儿们很讲义气。但又点出唯一有一件不行，因为这事通天，超出了他的职责权限，韦小宝虽然花了100多万两银子，这么被拒绝也只能表示理解。多隆的有言在先恰到好处，让韦小宝开不了口再说茅十八的事，既避免了拒绝铁哥们的尴尬，又防止了自己失职渎职，真可谓一石二鸟。

另一方面，拒绝的方式要委婉。一般说，如果求你帮忙的事不是特别急，你可以稍迟一两天回复，然后说明你的拒绝理由，让子弹再飞一会儿，这样拒绝起来氛围可能会轻松一些，对方也可能觉得这几天你也做了努力，拒绝他也是真的无能为力，对方对你的不理解也就会少一些。

身在职场，求人帮忙和拒绝别人都是一套人情世故，有时讲情义无价，有时又会交换等价。你身处其间，如人饮水，冷暖自知。学会恰到好处地拒绝，会让你尽可能摆脱职场琐碎的羁绊，轻装上阵，从而让自己能行稳致远。

不过，话又说回来，倘若同事朋友对你提一些你能力范围内的请求，你还是要尽可能出手相助。比如，同事让你代个班，帮忙订张高铁票，投票点赞……你付出的不多，但会显出你做人的温度，你应该快乐地提供帮助。赠人玫瑰，手留余香，何乐而不为呢？

人际交往有红线

丘处机为什么让人厌

丘处机一出场就显得非常傲慢。

下雪天，郭啸天、杨铁心两家四口就着炭火喝暖酒，丘处机刚好从门外经过。郭杨两人素来好客，看丘处机气概非凡，就想和他交个朋友。杨铁心出门遇到丘处机，说："道长，请留步，天寒地冻，道长何不过来饮几杯解解寒气？"人家诚心相邀，这丘处机却满脸的鄙夷不屑之色，冷然道："叫我留步，是何居心？爽爽快快说出来吧！"好像早上刚吃了火药，中午又被老板臭骂了一通，他正想没事找事怼人家发泄一通似的，连基本的礼貌都不懂。

丘处机做事也很霸道，根本听不得别人的意见。

杨铁心在弥留之际，请求丘处机成全义女穆念慈和郭靖的婚事，他想都没想就满口答应。后来丘处机硬逼着郭靖答应这门婚事，连一向老实听话的郭靖也犟起来，死活不肯。这个丘处机一介牛鼻子老道，一辈子没见过你谈过恋爱，哪里懂得儿女之间"情为何物"，可以"直教人生死相许"？仅凭着

金庸人物注解

杨铁心：《射雕英雄传》中的人物，抗金名将杨再兴的曾孙。与结义兄弟郭啸天隐居牛家村，后被大金六王爷完颜洪烈所陷害，家破人亡，流落江湖，改名穆易，收穆念慈为义女。十八年后与妻子短暂重逢后，与包惜弱被完颜洪烈等人逼迫，双双自杀。他在临终前找到了义兄之子郭靖。

杨康：《射雕英雄传》中的人物，杨铁心与包惜弱之子，金国六王爷完颜洪烈的养子。因迷恋金朝王室的富贵，他在得知身世后仍继续追随

仇人完颜洪烈，并欲继承其王位。与未婚妻穆念慈因比武招亲结缘，后因欧阳克欺侮其妻，亲手刺死欧阳克，并趁机拜在其叔父欧阳锋门下。在桃花岛上以“九阴白骨爪”害死了江南七怪中的韩宝驹，在铁枪庙中被黄蓉拆穿真相后欲杀之灭口，掌击黄蓉软猬甲上，被江南七怪中的南希仁遗留在软猬甲上的剧毒刺破手掌，中毒身亡，尸身为众多乌鸦啄食。杨康死后不久，其未婚妻穆念慈为其产下遗腹子，即后来的神雕大侠杨过。

华筝：《射雕英雄传》中的人物，成吉思汗的女儿，蒙古族人。曾许嫁蒙古克烈部首领王罕之孙都史为妻，后来成吉思汗统一蒙古后，被父亲许配给郭靖，一生钟情于郭靖。郭靖和黄蓉百年好合后，华筝孤独地抱憾终身。

自己和郭靖死去的老爹有一面之交，就要搞包办婚姻当媒婆，这是他该干的吗？殊不知，他这么闹腾，闹得方方面面都烦他，弄了个里里外外不是人，何苦来哉。

丘处机这么做，首先是得罪了黄蓉和郭靖。他们两个年轻人郎情妾意、情投意合，丘处机这么横插一杠子，让郭黄两人好事多磨。郭靖性子敦厚没说什么，黄蓉就忍不住骂他“年纪都活在狗身上了”。黄蓉背后江湖势力有黄药师、洪七公、梅超风、归云庄等，哪一个是好惹的？

丘处机这么做，也得罪了穆念慈。穆念慈和杨康在比武招亲时一见钟情。杨铁心死后，丘处机让穆念慈改姓杨，穆念慈坚持不改，因为她一心就想跟着杨康。虽然，她嘴上没说丘处机，心里肯定怼过他千百遍。而且，她和洪七公也有渊源，丘处机简单粗暴这么做，简直把天下第一大帮丐帮的CEO洪七公当摆设。

丘处机这么做，还得罪了蒙古团队。郭靖在蒙古和华筝青梅竹马，蒙古草原第一大老板、华筝的父亲成吉思汗钦定郭靖为“金刀驸马”。而且当时蒙古正是如日中天，得罪了蒙古，全真教公司怎么进一步拓展业务啊？郭靖虽然对华筝只是兄妹情谊，但对华筝说“不”，什么场合说对她的伤害最轻，这都应该由郭靖来把握。丘处机一介入，这一地鸡毛能扫干净吗？

丘处机这么做，更得罪了江南七怪。想当初，江南七怪和郭靖非亲非故，只是因为丘处机行事鲁莽，打群架时没有及时除掉完颜洪烈，导致郭杨两家骨肉离散。丘处机一个人照顾不过来两家，才要手段设了一个十八年的赌局。拉着江南七怪入局，让他们承担起培养照顾郭靖的义务。十八年的含辛茹苦，江南七怪才把郭靖培养出一身本领，郭靖心中也已把他们视为最重要的亲人。这时丘处机要喧宾夺主抢摘桃，争风头做主媒，也不问问他们的意见，让江南七怪情何以堪？

丘处机这么做，还让全真教公司的其他同事心怀不满。马钰开始就看不惯丘处机处处抢风头，打着全真教公司的招牌到处挑起事端，从而暗中到蒙古给郭靖当了两年的家教，因此他和郭靖可谓感情匪浅。而且，马钰作为全真教公司的现任 CEO，即使为郭靖做媒，也应该由他出面才会更体面。

所以，就丘处机来说，之所以要促成郭靖与穆念慈的婚事，是觉得他们才貌相当，而且又有上辈渊源，他个人纯属好心。但在职场，人际交往有红线，有的原则就不能逾越。丘处机作为长辈和领导，不问情由就简单粗暴介入他人的家庭和感情，肯定会让人不适，个人形象就会大打折扣。因此，丘处机虽然有为国为民的侠义情怀，在团队里业务能力超强，但在团队里人缘口碑一般。又因到处显摆自己，活脱脱成了“摆谱王”。所以，全真教前任 CEO 王重阳在挑选接班人时，丘处机就被刷了下来。

身在职场，大家虽然按照工作角色各司其职，但免不了需要分工协作，也就免不了亲亲疏疏、朋朋党党，这些人际关系会直接影响你的心情和工作效率，处理不当，甚至会影响你的口碑和人脉。大多数时候，消耗你能量的都不是你要做的事情，而是你在做事情时产生的情绪成本或情绪价值。干活本身不累，平衡各种关系很累。有的人在处理这些人际关系时会如鱼得水，有的人则是举步维艰。这与工作能力无关，关键是你是否明白职场人际交往的基本规则，只要你按规则出牌，处理起人际关系就会事半功倍。

一般来说，职场人际交往几个大的原则要清楚。

一方面，不能时时以自我为中心，表现自己、突出自己。在一个团队里，大家既合作、又竞争，你时不时地给自己评功摆好，发朋友圈求点赞，这就给你周边的同事带来压力。像丘处机，大家明明钦佩他武功超群，他却还说自己写诗水平和医道更牛逼，弄得全真教公司马钰都忍不住批评他。你这么牛，还要吹，叫老大怎么活啊？

另一方面，工作之余尽量不要打探其他同事的隐私。同事之间工作的时候表面客客气气，但谁的家里都有一本难念的经。可能这个同事家里孩子成绩不好，那个同事家里先生会沾花惹草，还有一个同事家里投资失败欠了钱等等，这都是别人家的私事。如果，你偶然知道了这些情况，也要守口如瓶，更不能东听西问搞传播。一旦别人知道你背后打探他的私事，他肯定会对你差评以待。

还有，绝对不能以好心的名义介入其他人的私人领地。特别一些领导总是借关心下属的名义，干预下属的一些私事，这个公权力介入私人领域，就是领导当惯了，入戏太深，自我感觉良好。丘处机简单粗暴要包办郭靖的婚姻，就是平时的傲慢让他看不清形势，就把这手伸得太长了。

话又说回来，做月老也是好事。丘处机正确的做法应该是先私底下分头和郭靖、穆念慈这两个年轻人聊聊，听听他们心里的想法，如果他们对上眼，能促成好事，他们就成了丘处机职场的人脉基本盘。如果不行，就应该适可而止，不再干预。而不是不问明白就郑重其事公开进行拉郎配，这样被黄蓉骂也就再所难免了。

能不说的就别说

萧峰为什么打哈哈

“南慕容、北乔（萧）峰”，萧峰是顶天立地、铁骨铮铮的好汉子。重感情，他和阿朱虽有口头婚约，却无夫妻之实，但忠诚始终如一。在阿朱死后，萧峰下决心不再婚娶，并把阿朱死前交代好好照顾阿紫的嘱托牢牢记在心中，并付诸行动；有担当，他担任丐帮公司负责人时，不管是点评下属员工的工作业绩，还是指出问题，不揽功不诿过，善于自我检讨，在自己身上刺了四把法刀，鲜血直流，让下属员工十分感动；讲道义，因为出身血统问题，他被踢出丐帮公司后，在聚贤庄和各大公司山头门派约架，他出手时还对丐帮公司故人手下留情。因此，职场人士每每提起萧峰，同事也好，竞争对手也好，都会竖起大拇指，称他为“真英雄，好汉子”。

按这样的逻辑，萧峰做人应该坦诚直率，不会拐弯抹角、遮遮掩掩。但有一次，萧峰却支支吾吾打哈哈，没说真话。当时，萧峰正帮助结拜兄弟、

金庸人物注解

阿朱：《天龙八部》中的人物，段正淳与阮星竹的长女，萧峰的一生至爱。她性格活泼可爱、古灵精怪、善解人意、聪明伶俐。她自幼便遭亲生父母抛弃，流落街头被慕容博所救。阿朱从小便深得慕容家喜爱，名义上为慕容复的心腹二使婢之一，实际待遇犹如慕容家的养女。她是“听香水榭”的主人，极擅易容改装。马夫人康敏为报复段正淳，故意误导萧峰与阿朱，谎称段正淳就是杀害萧峰亲生父母的“带头大哥”。阿朱在小镜湖得知自己是段正

淳与阮星竹的亲生女儿后，内心痛苦纠结。为了保全萧峰，免于和大理段家结下仇怨，伪装成段正淳与萧峰会面，甘愿代父受死，为萧峰误杀，成为萧峰终生的遗憾。

阿紫：《天龙八部》中的人物，她是段正淳与阮星竹所生之次女，是阿朱的妹妹。她自幼在丁春秋门下长大，因此行事十分恶毒狠辣，然而亦不乏天真与执着。因意欲练习星宿派最高深的武功，偷走丁春秋的神木王鼎，逃离了星宿派，并结识了萧峰。之后萧峰因误杀挚爱阿朱而悲痛欲绝，阿紫躲在一旁瞧在眼中，自此对萧峰情根深种。阿紫独身一人回到中原，在饭铺中遇到丁春秋，在与丁春秋交战之时不幸被丁春秋毒瞎双眼。阿紫目盲后被游坦之救走，随后跟游坦之加入丐帮。在天山缥缈峰灵鹫宫，游坦之自愿以自

辽国皇帝耶律洪基平息了南院大王的造反，他作为第一大功臣，皇帝、皇太后、皇后等大加赏赐，并对他嘘寒问暖。

“皇太后和皇后得知萧峰是后族人氏，大为欣喜，问起他的出身来历，萧峰却瞠目难答。虽知自己父亲名叫萧远山，当年是皇后麾下属珊大帐的亲军总教习，但恐说了出来，牵扯甚多。既不知父母亲属现下尚有何人，与皇太后、皇后是亲是疏。而如朝廷得知自己父母为宋人所害，说不定要兴兵南下为己报仇。他便推说自己从小给宋人掳去，不知身世，含含糊糊地推搪了事。”

耶律洪基和萧峰一见如故，结拜为兄弟，皇太后是长辈，按理说，萧峰对她的问题应当坦诚相告，可这次他却打哈哈走过场，看似不像萧峰的一贯为人，可这正是说明他当过丐帮公司老大，以及在较长时间的职场中，历练出丰富的经验。

萧峰虽是契丹人，刚出生，父母就死在宋人刀下（萧峰当时还不知道其父亲萧远山没死）。但其实他们家在契丹也算豪门贵族，萧姓是契丹大姓，父亲生前又担任过亲兵卫队长和总教官，亲朋故友肯定不少。如果皇太后一问，萧峰就把家事一抖落，可能就会出现很多意想不到麻烦。萧峰现在功劳盖世，一些亲朋故友就会蜂拥而至，什么请萧峰托关系安排个官差，孩子读名校批个条子，开茅台平价

专卖店走个后门等等。面对这些请托事项，办吧，萧峰不厌其烦，而且还被人批评一上任就搞腐败；不办吧，又会被人骂没有袍泽之情，被宋人养大就是白眼狼……

再说，萧峰父亲当领导时或多或少和一些同事有过不对付，闹个小矛盾什么的。有些心眼小的人，此时也会躲在暗处给萧峰使绊子、下眼药、打闷棍，萧峰本领再大，也是暗箭难防。

而且，萧峰契丹血统，宋人养大，契丹大宋又是经常兵戈相见。如果他把他父母死在宋人刀下的情况讲出来，可能又会掀起血雨腥风，这是他更不愿看到的。

基于这些情况，萧峰给皇太后、皇后她们打哈哈，就不难理解了。

他不抖落身世，就像孙大圣一样横空出世，凭能耐给老板打工，谁都不欠谁。各山头各派系一概与他无关，一身轻松，这样能力超群的萧峰反倒会成为个个山头派系的香饽饽，他们都会向萧峰抛出橄榄枝。

身在职场，需要时时面对同事各类各样的人和事。各类各样的人和事背后的关系又有千丝万缕，还有各类各样的牵扯和纠葛。对工作本身以外的敏感话题，有经验的职场人士一般会三缄其口，或者顾左右而言他，看似他们圆滑或者城府很深，其实，

己的眼睛帮助阿紫复明。阿紫复明后回到辽国，找到萧峰，因向萧峰表白失败，她听信谗言，无意间将毒药给萧峰服下，导致萧峰无法带着她逃离，两人双双被擒。之后阿紫跳水逃走，请来中原群雄前去辽国救援，却难阻萧峰为天下百姓自尽雁门关外。最终阿紫挖出眼珠掷还游坦之后，抱着萧峰的尸身跳下深谷殉情。

耶律洪基：历史人物。契丹族，字涅邻，契丹名耶律查剌，辽国第八位皇帝。重熙二十四年（1055 年）继帝位，改元清宁。继位后奉兴宗弟耶律重元为皇太叔，加号天下兵马大元帅。清宁九年（1063 年），派耶律仁先、耶律乙辛等平重元之乱。咸雍二年（1066），改国号为大辽（983 年时辽改称契丹）。此后耶律乙辛擅权，直至大康七年（1081 年）废黜耶律乙

辛及其党羽。寿昌七年（1101年）正月，耶律洪基因病崩逝，终年七十岁。谥号仁圣大孝文皇帝，庙号道宗。六月，与宣懿皇后萧观音合葬庆陵。耶律洪基也是《天龙八部》中的人物，萧峰的结义兄弟。

这是对他们自己最好的保护。

然而，工作话题之外，作为同事也难免会有一些交流，如何把握一个度，需要细细揣摩。

一个领导者，如果经常披露一些自己的关系及爱好什么的，就有可能会被一些围猎者找到缝隙。通过你的关系和你打招呼，通过你的爱好接近你、奉承你，让你开心让你舒服，不知不觉中，你便成为了围猎者的一颗棋子。还有，作为一个领导者，如果经常对某些员工发表一些看法，虽然看似听到的人不多，却会像装了扩音器一样，第二天整个公司都会知道。你就会在不经意间得罪某些人或者某些团队，从而影响整个团队的工作氛围。

倘若你是普通员工或者中层干部，如果经常满嘴跑火车，八卦吐槽吹牛逼，看似心直口快很爽直，可不知不觉中，就会暴露你个人的亲亲疏疏。得罪一些同事的同时，也为自己搬来了职场进步的一块块绊脚石。甚至一些话经过不同的解读和传播，意思和你当初想表达的已经完全不同。你想解释，然而说出去的话如同泼出去的水，铁证如山，只叫你百口莫辩、欲哭无泪。如果被认为对老板不利的，你也就因此被老板关进内心的黑屋子，工作业绩再好，也无出头之日了。

所以，一个人在职场保持适当的神秘感，让你的同事不知道你的背后有哪座大神罩着你，哪个大咖宠着你，更能让你积聚了人气，平添了魅力。但总有些人喜欢吹吹叨叨，此地无银三百两，最后肥皂泡破了，徒添笑料。

原来电视台名嘴芮某，曾经是一段时间的流量明星。1995 年合肥市高考文科状元，第一志愿是南京大学，但因优秀，被外交学院抢走。在读大学期间，各类国际奖项拿到手软。毕业后，主持过王牌财经节目《全球资讯榜》《财经中国》《中国投资指南》。巅峰的时候，他一天要专访 10 余人，往往这位还在专访中，另一位已在演播室门口等了。但是，芮某喜欢到处吹嘘自己的关系。他最经常挂在嘴边的一句话是："我有一个最要好的朋友 ×× 说过……" 他的这些朋友包各类大咖。这些人脉关系真让人叹为观止，但又有几分是真？

其实，这些所谓的朋友，无非是他采访过的客户，和他有过几句互动而已。萍水相逢，各取所需，事情一办完，就各奔东西，这种关系交情甚至还比不上菜市场里的老主顾。菜市场里的老主顾，有时还可以赊账几斤肉、几条鱼什么的，他的这些"朋友"，以后想接个电话也难，还有什么可以值得吹嘘和显摆的呢？一显摆，更显示了你的浅薄和无知。

当然，身在职场，不能每天板着脸像个丧门星，同事之间总要表示一下春风般的温暖。那说什么好呢？那就说一些场面上的客套话吧。比如夸人家气色好身材棒，孩子有出息能耐大，穿衣时尚有气质等等。或者讲讲足球篮球网球赛，既打发业余时间，又让同事之间显得亲密无间。当无意间（其实很多人是有意的）有人问及你尚未公开发布的出身来历、社会关系什么的，或者对公司老板领导同事看法等等敏感话题时，你也可以打打哈哈，顾左右而言他。

身在职场，当然要布局建立巩固自己关系的基本盘，但这些只能放在心里揣摩。一旦你乱吹嘘，成为公开的秘密，你的关系人反倒会投鼠忌器、瞻前顾后，不好为你说话了。

所以，喜怒不形于色，思想不诉诸语言，论事不置可否，绝不轻易授人以柄。平时你最应该多说你的一切进步，都是领导关心关爱，同事们支持的结果。至于你那拐弯抹角的关系，你根本不必去宣传推广，保持一些神秘感。走好自己的路，让别人猜去吧！

要记住别人的好

胡斐的“涌泉相报”

胡斐是金庸两部作品《雪山飞狐》和《飞狐外传》的男主。金庸在《飞狐外传》后记里专门点出，胡斐是他塑造对众多男性人物中特别喜欢的，而且位列第一。那么，胡斐身上有哪些闪光点呢?

胡斐出生刚三天，他的父亲胡一刀就在和苗人凤的切磋中，被人下了黑手而死，母亲也自杀殉夫。他在独臂人平阿四的照料下长大。从小没有父母的关爱，胡斐的童年是悲凉和无助的。

胡斐十三岁的时候，在商家堡不小心被他父亲的仇人商宝震母子抓住，用铁链麻绳把他的手足都绑了，吊在练武厅中狠狠鞭打。“商宝震足足抽了三百余鞭”，差点就把胡斐活活打死。站在边上的天马镖局公司的马春花于心不忍，劝住了商宝震。到了夜里，马春花又单独找到商宝震，请求商宝震放了小胡斐。虽然，胡斐已用缩骨功成功逃脱，但马春花的几番求情之恩，胡斐“感激之情自此铭心刻骨，再难忘怀”。

金庸人物注解

胡斐:《雪山飞狐》和《飞狐外传》中的人物，出身于武林世家，他的父亲胡一刀，是明末农民起义领袖闯王李自成手下四大护卫之一。自幼父母双亡，他被平阿四抚养长大。他外表英姿飒爽，才貌兼备，明心慧眼。尽管他没有做出什么惊天动地的大事业，但一生的品格性情光明磊落，嫉恶如仇，行事作派即是最好的印证。

商剑鸣:《雪山飞狐》中的人物。他是山东武定县人，乃“威震河朔”王维扬的弟子，八封门中的顶尖高手。其妻商老太，有独子商宝震。

商宝震：《飞狐外传》中的人物。山东武定县商家堡的堡主，其父商剑鸣是八卦门掌门人“威振河朔”王维扬的弟子。商剑鸣因为杀了“金面佛”苗人凤的家人，而被辽东大侠胡一刀杀死。商宝震少年时单恋飞马镖局总镖头马行空的女儿马春花，后商宝震投靠福康安，在一次行动中杀死了马春花的丈夫徐铮，其后又被马春花杀死。

马春花：《飞狐外传》中的人物。她容貌娇美，艳丽非凡，身材婀娜，周身透着一股青春活泼的气息。曾经相救过男主角胡斐，与福康安有过一段露水姻缘，珠胎暗结。后嫁给徐铮，生下一对双生儿子（其实是福康安的孩子）。在一次押镖中，徐铮被商宝震杀死，后

数年之后，马春花因为婚前和大清王朝公司高管福康安的春风一度，而珠胎暗结，生下一对双胞胎儿子。福康安得知后欣喜非常，派人除掉了她丈夫徐峥，把马春花接到了北京自己的府中。哪知侯门深似海，福康安的母亲认为马春花出身草莽，自己家族血统高贵，福康安的双胞胎儿子可以留下，但马春花必须毫不留情地清除。胡斐暗中听到这一信息，凭着一身本领，费了九牛二虎之力，把已经中了剧毒的马春花救出王府，交给他的义妹——毒手药王的传人程灵素医治。

母子连心，马春花醒过来后，哭闹着要见两个双胞胎儿子。这可是比登天还难的事，危险性很大。可是，胡斐心一软，不顾程灵素的严厉劝阻，再次潜入戒备森严的王府，差点把命都搭上，抱出了马春花的双胞胎儿子，让他们母子团圆。马春花弥留之际，又对福康安念念不忘，胡斐只好恳求外貌和福康安长得很像的红花会公司 CEO 陈家洛，假扮福康安去劝慰马春花。陈家洛这么高级别的职场大咖，本来不愿临时客串这种无厘头的破事，但听了事情原委之后，他觉得胡斐这个年轻人义薄云天，懂得感恩，不忍心让他没有面子，就和马春花独处了一会儿，让她安心地离去。

马春花劝阻商宝震鞭打胡斐，是出于对小孩子弱者的同情，是出于人性的良知。而胡斐则对她的

照拂永生不忘，愿意付出自己的生命去满足马春花的奢望。滴水之恩，涌泉相报，胡斐用自己的实际行动，很好地践行了中国人的感恩美德，让人感到浓浓暖意，怪不得金庸会对胡斐特别地喜欢。

感恩，应当成为人的本能。身在职场，学会感恩，既是一种生活态度，更是人生智慧。

心怀感恩，让你和领导同事相处融洽。感恩是道德良性互动的润滑剂，投我以木桃，报之以琼瑶。身在职场，你和同事们各司其职，你有时因为一时的疏忽，或者能力水平的欠缺，对某件具体的工作处理出现了失误，你旁边的同事不是对你冷嘲热讽，而是及时出手补台，让问题在最小范围的代价内得到解决，你肯定会觉得一阵温暖。假如，下次他们也出现了一些纰漏或闪失，你也肯定会在第一时间出手补救。这样，懂得感恩的人在一起相处，都会懂得互相珍惜彼此的照料，心中有一份阳光，让人温暖。即使有时事情处理得不一定尽善尽美，大家也是互相理解包容。

心怀感恩，也会让你得到领导的欣赏。职场路漫漫，一个人的成长离不开长者、领导的看重和培养。一般而言，领导选人用人的范围较广，岗位资源相对稀缺，在能力不相上下的情况下，懂得感恩的员工总会获得更多的机会。

而事实上，你对领导的感恩，不是你对他物质

马春花杀死商宝震为徐铮报了仇，马春花随后回到福康安身边，福康安的母亲忌讳马春花是个江湖女子，便将其毒杀。马春花身中剧毒，奄奄一息，临死前将双生儿子托付给胡斐照顾，并与假装成“福康安”的陈家洛见面，含笑而逝。

福康安：历史人物。本名傅康安，富察氏，字瑶林，号敬斋，满洲镶黄旗人。福康安参与和指挥了乾隆中后期的几次重大战役，功勋卓著。他在西藏时参加制定《钦定藏内善后章程》和“金瓶掣签制度”，对于巩固清朝中央与西藏地方的政治关系，维护国家主权统一和领土完整，加强民族团结等方面起着重大的作用。福康安也是《书剑恩仇录》《飞狐外传》中的人物，他长得风流倜傥，吹得一口好玉箫，引诱马春花和他春风一度。

陈家洛：《书剑恩仇录》《飞狐外传》中的人物。乃反清复明组织红花会的总舵主，清朝大臣陈世倌之子，和乾隆皇帝是同胞兄弟。他相貌英俊，谈吐风雅，为人谦虚有礼，武功高强，但最后因误信亲兄乾隆导致反清大业终成泡影。《飞狐外传》中再次出场，但他已心灰意冷，从而随时代洪流而走，做个旁观者，成为世外高人，没有了早年的雄心壮志。

上多大的回报，而是首先把自己的工作先做好，这就是最大的回报。相对你而言，领导是你的贵人，他掌握的资源肯定比你更多，他很少有机会让你回报他对你的培养和欣赏，当然搞权钱交易的庸俗上下级关系不在讨论之列。更多的时候，领导对我们的“涌泉之恩”，我们一生却是“滴水未报”。虽然未报，感恩之心在你内心长久涌动，会促使你把工作干得更好，从而让你走得更远。

心怀感恩，更会让你得到心灵的愉悦。感恩的心，也是包容的心，正所谓“心中有佛，处处皆菩提”。学会感恩，就会正确理解工作中诸多的不顺遂。领导、同事和你在一些方面不是很一致时，你会将心比心，问题原因自我论，打破自己思想固有的狭隘和偏颇，认真对自身不足进行批判，从而会让自己的思想认识进一步提升，最终和大家在认知上达成一致。

心怀感恩，也会让你时时记着领导同事对你的好，你就会自然而然地把这种感恩之情对外输出和传递。当你感受到感恩之心的传递，好像自己成了心灵的摆渡人，促成了团队的和谐，你就会有一种获得成就的愉悦感。这种愉悦感是高级成就感，不是随随便便就能体会得到的。

当下职场，工作节奏飞快，各类人和事都在不停地转换，很多人对感恩这个做法体会不深，总觉得人生萍水相逢，“得了便宜卖个乖”问题不大。因此，平时处理什么事都显得很功利。比如平时寻求同事领导帮助时，什么好话都说尽，事情一办好，就立即换了一幅脸孔，好像什么事都没发生过似的。原来他们的许愿承诺，如过眼云烟一般逝去。

还有的，老领导一旦换岗，他翻脸比翻书还快，就立刻慌不迭地向新领导表忠心，立刻和老领导做切割，甚至还贬低老领导。他们以为这样做可以迅速接近新领导，殊不知那些能成为领导的人，哪个不是久炼成"精"，早对这些职场变色龙的伎俩看得一清二楚。而那些离开的老领导一旦知道他们忘恩负义的表演，可能也会在不同的场合揭穿会对这些家伙的老底。久而久之，他们这样表里不一、翻脸如同翻书的做法最终会让自己孤立，路也会越走越窄。

《三国演义》里的吕布，勇冠三军、能力超群，是各大公司门派山头之间竞相招揽的对象。原先，吕布在丁原团队，各方面待遇不错，但董卓拿了赤兔马这件宝贝引诱吕布，吕布立刻翻脸，除掉了丁原，加入了董卓团队。但后来，王允献出貂蝉，吕布贪恋美色，又和董卓翻了脸。所以，到最后，吕布向曹操表示自己的一身能力才华可以为曹氏集团公司服务时，爱才如命的曹操还在犹豫，边上的刘备说了一句："公不见丁建阳、董卓之事乎？"这句话精准地刻画了吕布忘恩负义的嘴脸。因此，吕布的下场可悲，应该也是没有感恩之心的咎由自取。虽是小说家言，却也是真实的工作生活逻辑。

"我的手还能活动；我的大脑还能思维；我有终生追求的理想；我有爱我和我爱着的亲人与朋友；我还有一颗感恩的心……"谁能想到这段豁达而美妙的文字，竟出自一位在轮椅上生活了三十余年的高位瘫痪的残疾人——世界科学巨匠霍金。我们又有什么理由不心怀感恩呢？

老板的私活要干吗

韦小宝挂职清凉寺

> **金庸人物注解**
>
> **杨溢之**：《鹿鼎记》中的人物。吴三桂手下的一名武将，官职为总兵。其人武功高强，但深具豪情，处事大方，做人光明磊落，和《鹿鼎记》中主角韦小宝颇有渊源。他虽是吴三桂的得力手下，却没有屈从吴三桂的官威与盛怒，最后落得个“人彘”的下场，确实悲壮。

韦小宝的老板康熙皇帝碰到了大难题。

康熙在一次偶然的机会中，从韦小宝口中得知，他的父亲、大清王朝公司上一任 CEO 顺治皇帝竟然没有离世，而是在五台山清凉寺出家修行。康熙 8 岁就君临天下，“事事随心所欲，生平唯一大憾便是父母早亡。有时午夜梦回，想到父母之时，忍不住流泪哭泣”。

本来按康熙的脾气，他是巴不得马上去五台山见父亲，可是转念一想，这活不是他这个皇帝马上能去干的。因为，他心中有许多顾忌。

一个是皇帝出巡，规模档次、礼仪程序摆在那儿，什么出行线路、安全保护、后勤保障等等一系列问题，不知道要多少时间才能筹备好。第二个是自己年幼，担任老板时间不长，那些个股东、高管不一定从内心服他。出巡五台山时间这么久，万一突然联合起来改组公司，把他这个 CEO 罢免了怎么办？另外，顺治皇帝去世，大清王朝公司本来已经昭告天下了，突然说还活着，这么大乌龙行动就可能会制造舆情热点，让公司陷入塔西佗陷阱，为天下人耻笑。还有，顺治出家本来极为隐秘，他亲自出巡五台山，这么大动静，有可能让竞争对手平西王吴三桂、天地会陈近南、神龙教洪安通、青海活佛等人知道，万一他们绑架了顺治，然后对大清王朝公司进行敲诈勒索，这后果就更不堪设想了。

看看康熙，人家老板之所以是成功的老板，关键是他心思缜密想得多，可谓滴水不漏。

康熙思前顾后，觉得这件事要悄悄地让一个得力的人代他前往处理，既能替他表孝心，又能保守这惊天大秘密，还要确保老皇帝的绝对安全。

韦小宝作为他的发小，曾与之联手除掉鳌拜，同生共死，建立了深厚的情谊。而这件事，韦小宝通晓前因后果及个中内幕，因此把这个私活派给他是最好的选择。既可免去另寻良人再做交待的繁琐，也可减少知情人数，把泄密的可能性降到最低。

一番斟酌，康熙一纸调令将韦小宝作为他的替身，调派到了少林寺修行半年。然后，再安排其挂职五台山清凉寺 CEO，可以从少林寺抽调人手，既做好安全保卫，又不引人注目，为自己稍后的微服私访做好前期部署。既要离开京城的繁华之地，又要暂离温柔的大小老婆，这差事韦小宝其实是不大喜欢的。但老板的私活接不接呢？当然要接，还要超额超标完成。

一系列操作下来，韦小宝将老板的部署进行了完美执行，神不知鬼不觉地让他们父子见了面，做了情感交流。这件事干好以后，韦小宝的职位获得进一步提升，自然也更受康熙老板的信任。

韦小宝不仅自己替康熙老板干私活，也经常性安排下属替他干私活。韦小宝一直暗恋他的学姐阿珂姑娘，可是落花有意流水无情，阿珂眼里只有她的情郎郑克塽，为了在阿珂面前黑郑克塽，韦小宝自编自导了几场闹剧。

一场是让天地会的一帮下属同事故意挑逗郑克塽一伙人，然后寻衅滋事，风际中在和郑克塽较量时，差点当众把郑克塽的衣服扒光，狠狠地戏弄了他一番。韦小宝在阿珂的恳求下出场，几下就打跑了风际中，阿珂欠了他大大的一个人情。

还有一场，是叫大清王朝公司的下属同事（韦小宝是多面间谍）故意诬陷郑克塽欠钱，进行寻衅滋事。多隆带着一帮人又狠狠揍了郑克塽一顿，还要割下他的耳朵抵债。关键时刻，阿珂只能又求韦小宝出手打跑多隆一伙。

后来，韦小宝又陆续安排沐王府的吴立身、平西王府的杨溢之等又各自在阿珂面前侮辱郑克塽，最后又是韦小宝出手摆平。郑克塽被黑得更深，阿珂也欠韦小宝更多。

所有这几场闹剧，与工作无关，纯粹是满足韦小宝的私欲，但他的同事下属却争相去干。因为他们明白，干好了老板的私活，在老板面前就更有认可度。

身在职场，除了业务工作以外，老板或顶头上司可能会派给你一些与工作无关的活。比如帮他们采购一些生活用品，或者送他们家里老人去个医院，帮助他们孩子打印学习资料、辅导功课，甚至帮他们顶个黑锅，被老板夫人骂一顿等等。这些事可能很琐碎，而且即使干了，工作业绩也体现不出来，所以很多人自恃清高，就对他们老板或顶头上司婉言谢绝。其实，这样做还是值得考虑的。

老板也是人，他们在工作的时候呼风唤雨、纵横捭阖，看似风光无限，但他们也有普通人的需求。忙碌的工作使他们分身无术，生活琐事就需要有人帮他处理。如果叫第三方专业代理公司，有的事本来是抬手就能干了的，再叫第三方费时费钱划不来。费钱对老板来说问题不大，关键有时可能还有一些隐私的事，不方便叫第三方代办等等。所以，一些老板就会安排他的下属帮他处理一些私活。作为下属，应该如何分析对待呢？

一般来说，老板让你干私活，体现了老板对你的信任。他不但是看上了你处理琐碎事情的能力，更是看上了你人品素质，最起码你肯定是一个口风比较紧的人。让一个满嘴跑火车的人替他干私活，肯定不是一个成功老板的做派。

替老板干干私活，也会让你开阔视野，增加见识。贫穷限制了想象力，站位更会限制想象力。一般的老板都是一个地方或者一个行业的成功人士，老板们的私活有些是让你帮他们朋友、客户搞些迎来送往的应酬接待，能和老板混在一起的也都是一些能人强人，通过为他们服务，你的信息来源渠道就会增多。当下职场，掌握了更多的信息资源并有效加以分析利用，会让你的视野大大开阔、能力大大提升。而且，这些信息资源对你处理公司内部的人事关系和外部的政商关系，必然会有很大的帮助，一些内幕消息甚至能让你事半功倍。

除此之外，很多时候，老板叫你帮他处理一些简单的私事，也有可能是在对你进行观察和考验。你干好了，就是通过了对你的考察，慢慢地你就会融入他的工作圈，乃至生活圈。久而久之，你就会成为他十分信赖的心腹干将，那么，老板的资源也就可能成为你的资源。当你充分掌握老板的所思所想后，老板就会对你产生严重的依赖感，即使你偶尔工作业绩差点儿，也不成问题，丝毫不影响你的进一步发展。

就像韦小宝，替康熙老板干了很多绝密私活、累活、脏活，充分获得了信任。后来康熙老板要做局消灭重要的竞争对手——陈近南的天地会公司，韦小宝竟然敢偷偷违反老板的命令去通风报信，让整个工作计划流产。这么严重的吃里扒外的无间道，最后竟然也不了了之。为什么？因为，韦小宝在康熙心目中已经无人可以替代，不在于韦小宝的工作能力水平，而是他通过替老板干私活，掌握了老板太多的隐私和秘密。康熙对他是又恨又爱，也只能睁只眼闭只眼装糊涂了。

替老板干私活是一门技术活，要求很多，但最关键的还是口风要紧，既然是私活，肯定是知道的人越少越好。如果替老板干了一点私活就到处吹嘘摆谱刷存在感，那么离你被踢的时候就不会远了。

当然，替老板干私活也要有底线，要有所为有所不为。否则，你和老板成了一根稻草上的蚂蚱，虽然有时会一荣俱荣，但还有的时候更会一损俱损。

肖某，原来在某市地税局工作。2007 年，他遇到了他生命中所谓的“贵人”贺某。于是，肖某主动靠近贺某，很长的一段时间里，肖某简直成了贺某的“家奴”，贺某家里什么客人接待、家庭琐事等私活都是他一手包办。由于肖某获得了贺某的极度信任，贺某还拉肖某一起合伙做违法生意捞钱。几年间，肖某在贺某的运作下，平地起高楼，从一名普通的税务职员，一步一步爬升至高处。岂知，花无百日好，纸总是包不住火。随着贺某夫妇贪腐问题被查处，肖某这个替老板干私活的“家奴”也锒铛入狱，他的风光生涯也走到了尽头。

替老板干私活，虽然是职场进步的捷径，但无论如何你都要明白，干这些私活的时候，你都要遵循道德、法律的底线。谨慎能捕千秋蝉，小心驶得万年船。

做人留一线

胡斐为什么会“一路绿灯”

大清王朝公司权势显赫的高管福康安，要接曾和他春风一度的马春花到北京。为了顾及自己的形象，他让自己的团队假扮盗贼，要劫马春花徐峥夫妇的的镖，同时伺机除掉徐峥。理想丰满、计划周密，可刚好和胡斐碰上了，胡斐感恩马春花当年在商家堡的照拂之恩，就和这批“盗贼”杠上了。

此时的胡斐，业务能力超强，几乎和业界一流高手并驾齐驱，这些个“盗贼”单挑根本不是胡斐的对手，但如果和一起上来的“盗贼”群殴，胡斐就有危险。一般来说，在这种情况下要快速减少对方的有生力量，自己才有可能胜出。可是不管对方怎么不讲武德，胡斐始终点到为止，没给对方造成严重伤害，有意识地不撕破脸皮。

胡斐本来已经夺下聂钺的宝剑，但看对方爱剑如命，就把宝剑还给了对方；明明抓了鹰爪雁行门公司的高手汪铁鹗，却没有把他当作人质和肉盾，聊了几句就放了他；和这批“盗贼”的负责人秦耐

金庸人物注解

聂钺：《飞狐外传》中的人物。他是满清朝廷中的一名武官，受福康安之命，要将马春花带回去。奈何胡斐武功太高，以至他最宝贝的剑也被胡斐夺了去。没想到胡斐却将剑还给了他，由此聂钺感激万分，因为他把这把剑当作自己的生命一般。后来，在皇宫之中为了护送胡斐，聂钺献出了自己的生命。一把剑换一条命，虽是大大的不值，但对于像聂钺这般爱剑如命的人，却也体现了他的的确确是一条血性汉子。

之单挑，明明已经赢了他，却装作平手而罢战……

在其他时候，胡斐也是处处维护对方的颜面。袁紫衣，胡斐的知音，她击败鹰爪雁行门公司第一高手周铁鷦，已经夺了对方的标志性的掌门信牌“铜鹰铁雁牌”，这可是对周铁鷦的巨大侮辱。胡斐虽和周铁鷦没什么交情，但仍恳求袁紫衣把牌子还给了他。

这样的事情，胡斐干了不知道多少次，只要对方不是穷凶恶极、突破道德人伦底线的，胡斐总是给对方留下余地，从来不赶尽杀绝。胡斐这么做，根本不知道以后会发生什么，也不图他们会对他有所报答，他这么做只出于他的恻隐之心。

做人留一线，胡斐并没有因此而败走麦城，而是在关键时刻总能收获满满的感恩，甚至因此逃过死亡陷阱。

福康安要置胡斐于死地，设陷阱用精钢机括困住了胡斐双手。关键时刻，聂钺作为福康安的手下，却不顾自己安危，出手相救，结果，把自己的命都搭上了。胡斐要进入森严壁垒的王府，周铁鷦派人一路把胡斐带进去，途中口令不知道换了多少次，胡斐还是轻松过关。周铁鷦为了保密，还除掉了知情人——队友张九。胡斐行迹暴露，离开王府时受到围攻，紧要关头，又是周铁鷦故意在王府中放火，制造混乱局面，调虎离山，让胡斐安全离开。

汪铁鹗：《飞狐外传》中的人物。满清朝廷武官，鹰爪雁行门公司的高手，受了福康安之命，要将马春花带回去。奈何胡斐武功太高，他成了胡斐的俘虏。后来他一直感恩胡斐此举。

秦耐之：《飞狐外传》中的人物。八极拳门的掌门人，绰号“八臂哪吒”，武功高强，是福康安身边的贴身侍卫。他为人精于事故，左右逢源。后来，秦耐之奉福康安之命率领聂钺、汪铁鹗等高手前去接马春花进京，在途中和与丈夫徐铮一同运送镖银的马春花相遇。恰巧此事被胡斐遇见，胡斐误以为秦耐之要打劫徐铮的镖银，因此仗义出手，与秦耐之等人相斗。秦耐之自恃武功高强，不料却被胡斐在原地不动的情况下打败，此后对胡斐的武功和为人十分敬佩。

胡斐和这些人，既不是同事，也不是同学朋友，平时交往不多，交情不深，严格意义上说，胡斐还应该是他们的工作对象，应该坚决抓捕的。可他们却敢于违反大清王朝公司的规章制度，执法犯法、吃里扒外，为胡斐的“违法”活动大开绿灯，这都是因为胡斐在他们的艰难时刻没有得寸进尺，不让他们在公众场合颜面尽失。“树活一层皮，人活一张脸”，胡斐适可而止的做法，让周铁鷦、聂钺这些体制内的“老油条”，不知不觉中拜服他的人格魅力，成为了“胡粉”，关键时刻对胡斐网开一面也就不难理解了。

身在职场，风水轮流转。一个人既有大红大紫的高光时刻，也有喝凉水都塞牙的艰难困境。有的人总能很快从困境中翻身，固然和他个人不向命运屈服、奋力抗争有关，但有时也离不开他做人做事不做绝而积下的人脉。

当下职场，宜将剩勇追穷寇的人居多。一些当老板的，总是在自己占尽优势的情况下，仍然要置竞争对手于死地，从而可以垄断整个资源市场，实现自己利益最大化。还有一些能力强的员工，一旦有了一些业绩，就待价而沽，迫不及待地逼着老板给他涨薪持股，而且胃口还特别大，老板迫于压力只能勉强答应。殊不知，你通过这样的方法，看似站到了巅峰，但你一路走来，多少人成了你成功路

袁紫衣：《飞狐外传》中的人物，恶霸凤天南以暴力强行玷污乡下打鱼人家袁银姑之后所生之女。她一袭紫衫，自幼出家，法名叫做“圆性”。所谓“姓袁”，是将“圆性”颠倒而成，而紫衣就是缁衣芒鞋（出家人的装束）的缁衣的谐音。袁紫衣与胡斐真心相爱，只是有缘无分，两人之间的情感最终无果而终。

周铁鷦：《飞狐外传》中的人物，鹰爪雁行门的掌门人，他是曾铁欧、汪铁鹗的同门师兄，武功高强，是福康安的帖身侍卫，为人精于事故，在官场中左右逢源。周铁鷦的师弟汪铁鹗曾败于胡斐之手，汪铁鹗回到京师见到师兄周铁鷦之后，极为称赞胡斐的武功与为人，周铁鷦听后也想找机会见识一下胡斐。后来，胡斐在一家酒馆中与周铁鷦等人相遇，周铁鷦见胡斐武功高强且气度不

凡，因此对胡斐也十分赞赏。之后，胡斐为救马春花的两个儿子，想要潜入福康安府，于是找到汪铁鹗帮忙。汪铁鹗拿不定主意，便和师兄周铁鹪商议，周铁鹪老谋深算，深怕一旦帮胡斐混入福康安府生出事端，恐惹祸上身。但胡斐的忙又不能不帮，于是便设计诱骗其他侍卫将胡斐带进了福康安府，此举既帮了胡斐的忙，又可保自己不陷入其中，真可谓一举两得。

上的垫脚石，而又有多少人对你的高位垂涎三尺，这些人会秒秒钟盯住你的问题和失误，置你于死地。当你身处顺境，一切还可以掩盖在你的业绩下；一旦时事不利，有什么风吹草动，就会“墙倒众人推”，莫须有的“罪过”和似是而非的负面新闻，就会铺天盖地把你淹没。

职场大咖曾国藩，担任了多年高级领导干部。他在处理一些复杂人和事时曾说过“留一分余地，可回转自如；不留余地，则易失之于刚，错而无救”。这可以说是他的纵横职场的经验之谈。

曾国藩自办团练，励精图治，和太平军作战屡败屡战，最终凭着坚韧不拔的意志，击破太平军，应当说是劳苦功高。而且，当时大清王朝团队很多高管干才都是出自他的门下，他如果振臂一呼，那回应将是山呼海啸。按理说，他完全有资本和老板谈条件，要求入股分红什么的。可他却反其道而行之，主动解散自己的湘军子弟兵，又劝自己的弟弟曾国荃迅速复员回家。曾国藩此举，消解了当时大清王朝老板对他的戒备心理，从而也让自己和家族逃出了“敌国破，谋臣亡”的历史怪圈。曾国藩的高明之处就在于他没有居功自傲、要挟老板，而是主动给老板留下空间余地，老板也就没有借口对他痛下杀手了。

曾国藩不但对老板如此，同事之间也是处处谦让，维护别人的颜面。要攻打太平军的都城南京，首先必须拿下南京的门户安庆。当时攻破安庆的正是曾国藩、曾国荃兄弟。拿下安庆后，曾国藩没有第一时间打报告给老板自我表功，而是耐心地说服弟弟曾国荃，打报告的时候把头功记在了战友胡林翼的名下。曾国藩这么做，使自己人气爆棚，成了业界的精神领袖，虽然身居高位，但仍然好评如潮。

身在职场，恰当地处理一些人和事，有时可以避免场面上的一些尴尬。有的人刚刚担任一定的职务，就想表现自己，对下面的员工的小问题小错误揪住不放，上纲上线，当面就狠狠批评下属。一般情况下，下属唯唯诺诺地表示认真整改也就过去了，可万一有个别“愣头青”忍不住当面怼你，那你就尴尬了。如果事情搞大了，你的威信都可能受影响，这又是何苦呢？所以那些高明的领导镇对下属的问题时，会注意批评方式，场面上点到为止，留有余地，私底下再严厉批评，效果可能会很好。

2011 年 11 月 11 日，河南某市的张某在小餐厅掌掴干部，成了职场暴露领导气量狭窄的笑话。被打干部的夫人忍不住于 2021 年 1 月 16 日在网上实名举报了。张某不管有任何理由，在职场被边缘化也就在所难免了（2021 年 1 月 21 日，张某被免职）。

身在职场，打人不打脸，做人留一线。有时你看似失去了大获全胜的机会，但你可能会收获更多的人脉和资源。对你而言，你这么做从来没想到回报，但所有的人脉和资源会慢慢形成你在江湖职场的美誉度，也对你的能力水平有很好的放大效应。这样，你在职场成长的路上就会如有神助，逢山开路，遇水架桥。经常在别人看来不可能的事，到了你手上都能迎刃而解、化腐朽为神奇。

职场饭局奥妙多

说说襄阳那场饭局

> **金庸人物注解**
>
> **杨过**:《神雕侠侣》中的人物。字改之，杨康与穆念慈之子，西毒欧阳锋的义子。名字为郭靖、黄蓉所取。小时候一出场就出手救助老弱妇孺，他是金庸笔下的“情侠”“道侠”，其人孤傲狂放，聪明机智，感情丰富，至情至性，满腔热血，激愤。。又号“西狂”，容易感情冲动做事，连他自己也很难控制自己。他身边有许多红颜知己钟情于他，而他却一心只爱小龙女，后与其结为夫妇。他和郭家恩怨难分，数度因误会关系紧张，却始终能挺身而出

襄阳抗蒙战役，杨过奋起神威，击毙了蒙古大汗蒙哥，以致蒙古大军军心涣散、无心恋战，只得退兵。宋军取得了久违的胜利。为了庆祝这场胜利，襄阳一把手领导吕文焕安排了一场饭局，请立了大功劳的人士参加。

“这晚，安抚使署中大张祝捷之宴，吕文焕便要请杨过坐个首席。杨过说什么也不肯。众人推让良久，终于推一灯大师为尊，其次是周伯通、黄药师、郭靖、王坚、点苍渔隐、武三通、朱子柳、黄蓉，而后才是杨过、耶律齐、小龙女、郭芙、武氏兄弟。而瑛姑、程英、陆无双、郭襄等另坐一桌。”

这虽然只是一顿工作餐，但既然是职场人士吃饭，就必须讲职场规矩——要把大家的座位安排好。吕文焕领导很懂这个道理，他之所以请杨过坐首席，是因为杨过击毙敌酋、居功至伟，这样的年轻人就应该好好表彰嘉奖，为众人树立榜样。但是，这场饭局有很多民间人士参加，而且，这位吕领导在抗

蒙战役中，基本处于被边缘化的状态，所以，杨过也就不怎么搭理他，坚决不坐首席。

大家推让的结果，就是请一灯大师坐了首席。因为他当过皇帝，并且当年在民间体育赛事“华山论剑”中位列“五绝”，再者他年龄最大，对黄蓉还有救命之恩。虽然他是退下来的老同志，但在江湖职场中依然也是“无冕之王”，所以，坐首席无可厚非。

周伯通居然超越黄药师坐了次席，令人有点意外。大家应该是出于这几方面的考虑：一方面，身为老同志，身上有伤还带头冲锋陷阵，令人敬佩；另一方面，全真教公司这次派了很多人参加这次战役，必须有代表坐重要的位子；更重要的是黄药师觉得是自己的女儿女婿领导了这次战役，自己有半个主人的身份，所以，他要把次席让给周伯通。黄老邪，正式场合一点也不邪。

接下来是黄药师，不管是论江湖名望，还是论职场辈分，都理所当然。

郭靖坐黄药师下面，其实是第二代里面第一的位子。郭靖，“侠之大者”的代表，不惜和少年时代的蒙古玩伴决裂，决战沙场。而且，正是他的振臂一呼，三山五岳的江湖人士才冲着他的面子奔赴襄阳。郭靖虽是一介平民，但实际是整个抗蒙战役的领袖，位列第二代之首位，当之无愧。

相助他们，解除嫌隙，化气为和。他命运多舛，与小龙女分隔十六年里，随伴亦师亦友的神雕行侠仗义，惩恶扬善。江湖人称“神雕大侠”。等小龙女不至毅然跳崖殉情，在谷底与小龙女重逢后携手保卫襄阳城。杨过一展其旷世武学的威力，打败金轮法王，飞石击杀蒙古大汗，保了大宋十三年和平，成为名扬天下的“神雕侠侣”。最后一次华山论剑后，他与妻子小龙女绝迹江湖。

武三通：《射雕英雄传》和《神雕侠侣》中的人物。一灯大师四大弟子之三，“渔樵耕读”中的“耕”。他原是大理国的御林军总管。武三通有二子武敦儒、武修文，妻子武三娘，义女何沅君。

朱子柳：《射雕英雄传》《神雕侠侣》中的人物，一灯大师四徒弟“渔樵耕读”之“读”，书生。他原是大理国的大丞相。

耶律齐：《神雕侠侣》中的人物。辽国皇族后裔，蒙古丞相耶律楚材次子。他有兄耶律晋、妹耶律燕，后娶郭靖、黄蓉长女郭芙为妻，继任丐帮第二十一代帮主。他师承老顽童周伯通，协助郭靖守护襄阳。

小龙女：《神雕侠侣》中的人物，古墓派第三代掌门人。擅驭蜂，喜音律，精琴艺缝纫，悟禅道。她将音乐融于武功之中，可用琴音与人交流。她容貌绝世，既秀美若仙又明艳绝伦、冰肌玉骨，清若姑射仙子，天姿灵秀；武功轻灵飘逸，于婀娜妩媚中击敌制胜。她是杨过的师父，与杨过互生情愫，但因师生恋不容于世，与杨过之间四离四合，生死相随。她为救杨过性命，纵身跳下断肠崖，在谷底生活十六

王坚，襄阳驻军司令，朝廷任命的大领导，职务很高，而且这次战役中贡献较大，坐在郭靖下面其实也显示了他的谦虚，应该说给了郭靖很大面子。

点苍渔隐、武三通、朱子柳、黄蓉都是第二代人物，从影响力和贡献度来说，黄蓉远远比另外三位要突出。但黄蓉和黄药师是一样的心思：大家都冲着郭靖的面子过来，自己作为主人要低调客气，所以，她就坐在了第二代的最后一个位置。

杨过作为第三代的佼佼者，这次抗蒙战役立了首功，坐在第三代首位也是理所当然。

耶律齐，丐帮公司 CEO。小龙女，不仅仅是杨过的太太，而且在这场抗蒙战役中出力不少，他们坐在这桌上也是应该说得过去。郭芙、武氏兄弟基本是废物，但一个是郭大侠的女儿，另外两个是一灯大师的徒孙、郭大侠的弟子，他们沾光也坐到了这一桌。虽然是末尾位子，但也很风光。

瑛姑应该也是第一代人物，可她偏偏坐了副桌，是因为她和一灯大师、周伯通两人之间，有说不清道不明的关系。如果三个坐在同一桌上会有点小尴尬。而且，瑛姑有时个性太强，讲话不顾别人面子，万一在场面上捅了篓子，大家面子上会不好看，所以她只能和年轻人郭襄、陆无双他们坐到一块了。

应该说，这场酒席座位的安排，既没有按照官场的套路，也不是民间随便散座。就这样，吕文焕

领导对这样的安排还颇有微词："黄岛主是郭大侠的岳父，那也罢了。一灯老和尚貌不惊人，周老头子疯疯颠颠，怎能居上坐？"

虽然说，这样的安排是大家协商的结果，但很多地方都有黄蓉刻意安排的影子。比如把郭芙、武氏兄弟三个废材安排到主桌上，而把程英安排在副桌。程英虽然年龄和杨过、郭芙差不多，但因为是黄药师的关门弟子，也可以算是第二代人物。而且，她的能力水平都高出郭芙和武氏兄弟很多，完全有资格坐主桌。但黄蓉此刻肯定要优先把自家人推出来露露脸，通过饭局和各位职场大咖建立人脉和关系。因此，委屈一下自己的小学妹程英，也就在所难免了。

襄阳饭局，严格意义上说，属于非典型职场饭局，无非是抗蒙战役胜利后大家的庆祝活动。而正式的职场饭局，从主宾邀请、客人邀请、地点安排、座位确定等等，都有很多讲究。而且，在饭局上可能要解决某些问题，协调某些关系，因此，饭局上的话题也应该有事先的策划，绝对不会出现襄阳饭局上，吕文焕这个领导都插不上话的尴尬场面。

先说说饭局的发起。

职场饭局因为宴请对象的不同，发起也要注重不同的方式。相对而言，宴请合作伙伴或者同事，大家基本处于平等地位，发起相对简单，只要大家

年。十六年后她与杨过义助郭靖、黄蓉守卫襄阳，大战金轮法王，成为扬名天下的"神雕侠侣"。第三次华山论剑后，她与杨过归隐江湖。

武氏兄弟（武敦儒、武修文）：《神雕侠侣》中的人物，武三通和武三娘的儿子，郭靖的徒弟。

瑛姑：《射雕英雄传》《神雕侠侣》中的人物，本名刘瑛，是大理国的贵妃。她容色清丽，绰号"神算子"，是一个特别令人难忘的角色。但这并非因为她个性突出，而是因为她有一段和周伯通的故事。瑛姑暴戾急躁，阴鸷狠毒，为报仇而借刀杀人，绝不可爱。但与其说她可厌，不如说她可怜。

程英：《神雕侠侣》中的人物。她是温柔美丽的陆家庄表小姐，大家闺秀。

陆无双：《神雕侠侣》中的人物，原是江南陆家庄二庄主陆立鼎的女儿。她幼时遭"赤练仙子"李莫愁灭门，并被其掳去，后成为李莫愁的徒弟，长大后偶遇杨过，并对杨过暗暗倾心。她容貌娇美俏丽，活泼刁钻，机灵可爱，敢爱敢恨。她一直深爱杨过，无奈杨过心属小龙女，遂终身不嫁，与表姐程英相伴余生。

郭襄：《神雕侠侣》中的人物，郭靖、黄蓉的次女。郭襄的名字出于父母镇守襄阳的信念，双生弟弟是郭破虏。郭襄秀美豪迈，容貌有三分相似母亲黄蓉。因她处事兼得父母之风格，亦正亦邪，隐隐有外祖父黄药师的性子，姐姐郭芙称她"小东邪"。郭襄16岁时遇到杨过，杨过送她三枚承诺金针，并为她在襄阳城英雄大会中大办生日宴，这使她终生难忘杨过。郭襄18岁离家出

有空就可以了。如果想宴请自己的领导的话，绝对不可以这么唐突。虽然领导对你的工作能力也蛮欣赏，大家平时相处也很客气，但是，"要想处得久，应该喝顿酒"，身在职场，有机会请自己的领导喝顿酒，很有必要。

那怎么邀请领导呢？自己直接电话、短信可以吗？这肯定不行，这么简单粗暴的方式，领导肯定会拒绝你。而且，领导会从内心觉得你办事鲁莽，可能还会影响到原来对你的好印象。所以，你应该通过一个中间人邀请领导。一般来说，这个中间人的地位至少应该和领导相当，或者是领导的发小故旧。这样的人出面邀请，领导不会感到太突兀，碍于情面，只能出席宴请。邀请的时间应该至少提前一周，以便让领导有充裕的空间做出考虑和时间安排。

领导明确出席后，其他需要作陪的人员也需要斟酌，最好通过中间人让领导指定其他人员，这样大家都熟悉的人凑成一桌，坐下来吃饭，氛围也能相对轻松开心。如果，你不小心请了一个像瑛姑这样的人进来，一旦话不投机，她使起性子来，锅碗瓢盆一起砸，闹了个鸡飞蛋打，那你让大家情何以堪啊？

出席的人员确定以后，就需要挑选宴请地点。一般应该安排在环境幽雅的地方，尽量不要安排在

大型高档酒店，万一大家碰到熟人，敬酒串场有时也会显得尴尬。

至于宴请的菜肴酒水，也不需要特别的标新立异，营养、爽口、卫生即可。襄阳饭局大家喝得大醉，也没说到大家吃了什么菜，喝了什么酒。所以只要能坐得下来，吃什么喝什么，已经不是最重要的了。

客人到了以后，接下来当然是怎么坐。领导坐主宾位是肯定的，其他人一般按照职场江湖的头衔落座。领导身边的座位，应当安排和领导关系相对比较亲密的人，因为身在江湖，大家不可能经常碰到，他们可能借饭局咬咬耳朵、逗逗开心，这样的安排可以给他们提供方便。

坐好以后，出面邀请领导的中间人，应当宣布宴请的开始，这里当然要讲几句客套话，然后还要介绍一下出席的客人，这样大家互相熟悉，稍后敬酒的时候张董、李总的叫起来，也会亲切一些。

还有相互之间的敬酒。现在大家对身体健康倍加珍惜，而且职场人士往往第二天工作任务繁忙。为了不影响第二天工作，一般喝酒都是点到为止。原来酒桌上讲的“宁可让胃喝个洞，不让感情留条缝”“酒是粮食精，越喝越年轻”等等劝酒词，现在都已成了过去式。因此，你在酒桌上敬领导或者长辈时，也是略表意思即可。如果现在还在为了表忠

门游历，一生追寻杨过未果。少林派觉远大师在圆寂之际，背诵部分《九阳真经》上的经文，郭襄、张君宝（张三丰）、无色各自默记了一部分。郭襄根据自己所记住的片段，自创了峨嵋九阳功。襄阳城破时，郭襄正身在外地，她的父母及弟弟壮烈殉国，她持倚天剑幸存。后来她出家为尼，开创峨嵋派。

心缠着领导喝酒，那就显得不大合时宜了。

职场饭局最关键的，不是吃什么、喝什么，而是讲什么话题。你邀请领导吃顿饭，总是想让领导进一步了解你。领导参加下属安排的饭局，也想借机会了解一些情况。因此，职场饭局上领导的的只言片语，你都要认真仔细听。领导可能问到工作上的一些问题，你更要斟酌，并讲清楚你自己的观点。你作为下属，你在饭局上要低调谦虚。但有机会让你讲话的时候，你就应该抓住机会，展示自己的能力和才华。还有，你也要学会听别人你讲话。饭局上看上去一些嘻嘻哈哈的玩笑话，很多其实是办公室政治的延伸。所以，参加职场饭局前，有的工作关键点你可能也要事先做个梳理分析，做到心中有数。

还有的人目的性太强，会借着领导酒酣耳热之际，提出自己的要求和想法，这其实是职场饭局大忌。领导给你面子与民同乐，你却下套让领导为你办事，领导表面不说，肯定是一肚子的反胃恶心。因此，你有再多的想法，也要等到以后再找机会和领导沟通，在这样的场合一说出来，领导就会感到是你和中间人设了一个局，请君入瓮。下次，他再也不会参加你的饭局了，内心还可能把你关进了黑屋子。

还有的人为了想在领导面前表现自己，讲起话来如滔滔江水般连绵不绝，简直就是话痨一枚。有时还经常插话，这样就显得很不识趣，个人形象也会在领导心里也会大大扣分。领导们讲话，你应该很投入地听，适当的时候捧捧哏，调节一下气氛，而不是太过于表现自己。

作为饭局的实际操办人，如果没有领导的强烈要求，你就不应喝得太多。因为，饭局结束后，你还要处理一些杂务。比如领导们回去，你应该提早安排网约车到位，大家一下楼就可以拂袖而去，避免在酒店门口等候多时，还可能碰到熟人。这些看似小事，但也考验你的办事能力。有时候，细节会决定这场饭局的成败。

职场饭局是个局，套路奥妙很多。如何让参加这场局的人都对你留下好印象，内心大大提高 对你的印象分，你事先就一定要做运筹谋划，从而达到事半功倍的效果。

如果一个人参加职场饭局回来，大家讲了什么全盘都忘记了，而在回味什么酒好喝，哪个菜对自己的口味，那么，这个人在职场中，最终会成为别人的盘中菜。

领导需要存在感

马钰助力郭靖"暗推"

金庸人物注解

王处一：《射雕英雄传》中的人物，道号玉阳子，全真七子之一，王重阳的徒弟。王处一的武功在七子之中数次强，他是全真教中响当当的角色，威名之盛，仅次于"长春子"丘处机，人称"铁脚仙"。因为他曾经与人打赌，而独足跂立，凭临万丈深谷，使一招"风摆荷叶"，由此威服河北、山东群豪。

赵志敬：《神雕侠侣》中的人物。他是全真教第三代弟子里武功最强的一个。然而他为人心胸狭窄，卑鄙阴险，为

马钰，是华山论剑第一名、"中神通"王重阳座下入门最早的学生，全真七子的班长，道号"丹阳子"。在王重阳羽化成仙后，马钰根据王重阳的遗命，担任了全真教公司的第二任 CEO。

但马钰在全真教公司却始终感到自己是一个尴尬的存在。在公司里，他的业务能力不如丘处机、王处一，平时大家顾及他的面子都不说，其实都是心知肚明。但他们的师叔周伯通心直口快，就在公开场合说过马钰的业务能力不如丘和王，这就令马钰很尴尬。而且，马钰教的学生也不如其他同学，全真教公司第三代里的优秀人才赵志敬、尹志平等，个个都不是出自马钰门下。

还有，丘处机、王处一等几个人，长期行走在江湖中，打着全真教公司的牌子，到处插手社会热点问题的处置，简直了成了当时江湖排名靠前的大网红和流量明星。职场人士一说起丘处机、王处一几个人，简直膜拜得不得了，而对马钰这个全真教

公司的 CEO，则是把他当作空气一样的存在。

马钰平时也想在公司内部树立威信，几次端着 CEO 的架子，批评了丘处机他们几次。怎奈，这几个家伙总是当面虚心接受，背后屡教不改，出去该怎么玩，还是怎么玩，严重挑战了马钰的权威。不是别人素质不行，实在是马钰先生业务能力水平不服众。所以，他有一次在江南七怪面前数落丘处机的不是，“敝师弟是修道练性之人，却爱与人赌强争胜，大违清静无为之理，不是出家人份当所为，贫道曾重重数说过他几次”。本来是家丑不可外扬，可他公开在外人面前说自己团队同事的不是，这可是职场大忌啊。马钰混了大半辈子江湖，这个道理不会不明白，可他心中实在忍得苦，熬不住才抖落了出来。

马钰平时很少离开公司总部，说是要处理公司事务，实则更多的是在谋划要通过什么场景超越丘处机他们，证明一下自己的能力水平，从而在公司内部挽回一些形象。这不，机会来了。

在一个偶然场合，马钰听说丘处机和江南七怪在赌一个十八年的赌局：就是丘处机的学生杨康，和江南七怪的学生郭靖，要在十八岁那年进行一场比试，从而证明丘处机和江南七怪的武功高下。

按照一般的常理和逻辑，得知这一消息后，马钰作为全真教公司 CEO，为了打响全真公司的才艺

夺全真教掌教之位，与蒙古人勾结，甚至不惜陷害同门，最终咎由自取，死于周伯通的玉蜂毒下。

品牌，他应该经常性地把杨康找来辅导指点才对。可是，马钰却偏偏反其道而行之，决定暗中帮江南七怪一把，单独为郭靖开了全真才艺专场，助力郭靖“暗推”，想挫挫丘处机平时不可一世的霸气。你说，马钰这个领导在全真教公司当的心里有多憋屈。

于是，平时很少行走江湖的马钰行动了。他费了好大的劲，顶着大漠漫漫风沙，好不容易找到了郭靖，并在郭靖面前秀了一把。“一个苍须道士，脸色红润，手里拿着一柄拂尘。这人装束十分古怪，头顶梳了三个髻子，高高耸立。一件道袍一尘不染，在这风沙之地，不知如何竟能这般清洁。那道士微微一笑，也不答话，忽地欺进两步，郭靖只觉右臂一麻，也不知怎的，但见青光一闪，手里本来紧紧握着的长剑已到了道士手中。”瞧这端如仙人的架势，颇有森系风范，与郭靖的正牌老师“江南七怪”的市井之气真是天差地别。面对如此仙风道骨的马老师，十多岁的小郭靖自然膜拜有加，不向江南七怪请示报告，就跟着马钰吃小灶了。

不过，话又要说回来，马钰作为全真教公司的 CEO，王重阳重点培养的好学生，个人能力还是有两把刷子的。江南七怪教郭靖学习眼疾手快的打怪手段，他则是教郭靖提升内在素养，从而让郭靖内外兼修，进步神速。

为了能够证明自己，马钰也豁出去了，平时不是说公司事务繁忙，他不能多走动的吗？而这一次在蒙古的漫漫风沙里一呆就是两年，也没见一个全真教公司的员工过来向他请示汇报过一次，想必他离开前一定是做了充分的交代。如果，不是凶神恶煞的梅超风临时光顾他的教学点，马钰很可能要呆到郭靖胜过杨康那一天。

马钰在蒙古隐姓埋名，放下手头一切重要工作事务，默默地在大漠里吃了两年的黄沙，不计报酬地为郭靖开小灶。你说，如果仅仅只是为了出于好心，帮助素不相识的江南七怪和郭靖一把，就算是马钰自己的嘴巴说出来，他自己的耳朵都不好意思听进去。其实，他真实的目的就是要在世人面前证明一下自己能行。不得不说，这个马钰领导下的决心真的很大。

暗中给别人的学生开小灶，马钰毕竟有点心虚，所以他从不在郭靖面前承认自己是他的老师，也从不干预“江南七怪”的正常教学秩序。补课这两年，郭靖在江南七怪那里的课程是一点也没有落下，该练的还是勤勤恳恳地练习。马钰还在郭靖面前惺惺作态，“你这六位师父，都是武林中顶尖儿的人物，我和他们虽然素不相识，但一向闻名相敬。只要你学得六人中任谁一个的功夫，就足以在江湖上显露头角……”“你六位师父的本事，也并不在我之下……”，想当初，全真七子之一丘处机与七怪群殴那会儿，七个人没能胜过一个丘处机，即便马钰的业务能力稍逊于其师弟，对付六怪（当时张阿生已死于陈玄风之手），差不多也是够了，拆了一个对一个，江南七怪哪个不会被他秒杀？所有的这些，他只是告诉郭靖，咱老马是个大好人。

后来的后来，经过马钰助力“暗推”打下扎实基础的郭靖成才了。从一个打不过杨康的屌丝，竟然蜕变成能和黄药师斗得不分上下，弄懂了“九阴真经”，悟“天罡北斗阵”，升级“降龙十八掌”的“学术大会总冠军”，吓蒙了一群学术高手，成了名震天下的职场大咖。而这场十八年的赌局，丘处机自然是输得一败涂地，心高气傲的丘处机心服口服地承认了自己的失败。

虽然说马钰没有大张旗鼓地宣传过自己曾经是郭靖的老师，但郭靖和江南七怪哪个不会说呢？马钰通过郭靖，给丘处机打了一个大耳光，通过外人的力量证明了自己的存在。

所以对一些领导们来说，个人权威才是最主要的。对领导的权威还是要坚决维护的，职场人士都应该要明白这个道理。

比如，领导讲话，下属要认真听，要做笔记，不能随便插话。如果有不同意见，则可以私底下再和领导沟通，给领导善意的提醒。还有，出去活动，也要处处突出领导，不能像丘处机一样到处作秀吸粉，既没有说全真教公司，更没提起马钰这个领导，这种个人英雄主义的张力，会给领导带来极大的压力。领导嘴上不说，心里肯定想找个机会虐你千百遍。

其实，下属业务能力超过领导很正常。但，这规矩在那儿，作为下属，你能力再强，口才再好，你跟领导讲话的时候，那也是请示，要毕恭毕敬；领导业务水平再差，给你几句“不成熟的建议”，那就是指示，你虽不一定需要不折不扣地认真执行，但起码得择其善而从之。

总之，在职场突出领导权威的要点很多很具体，职场人士可以多揣摩。虽然说，格局大的领导很多，你不一定遇得上，但格局眼界不如马钰的领导也很多，如果你经常像丘处机这样，经常不把领导放在眼里，心眼小的领导总会想要找个机会修理你，万一在自己的一亩三分地不能搞定，他也会通过自己的资源做个局，到时候是哪个“大头鬼”缠住你，你都无从知道。

但愿你不要遇上哪个“大头鬼”，更希望你能像郭靖一样憨人有憨福。如果你轻信“天上掉钱”的奇迹和小概率事件，那么还是建议你多读书，读懂人性，知世故而不世故，历圆滑而弥天真，行正道而致远。

第五章

大咖风范 笑傲职场

大格局成就大事业

乔峰的领导力来自哪里

“南慕容，北乔峰”，乔（萧）峰接任天下第一大帮丐帮的CEO后，八年时间里，“内解纷争，外抗强敌，自己始终竭力以赴，不存半点私心，将丐帮整顿得好生兴旺”。但是，有一天，乔峰突然因为自己的出身和血统问题，被公司内别有用心的阴谋家全冠清挑起事端，包括公司大部分高层在内的一大帮子人，逼迫乔峰要其自证清白。好家伙，活脱脱的政变啊。好在乔峰老总反应快，拳头硬，他一出手先搞定了全冠清和几个为首分子，控制了局面，然后召开现场大会，讨论对政变首恶分子的处置方案。

一个领导者最不能原谅的，就是以下犯上搞政变。就算是历朝历代显示出皇恩浩荡的“免死金牌”，也专门规定不能饶恕搞阴谋政变的参与人员。丐帮公司作为一个具有历史传承的百年机构，也把惩处背叛领导人的行为，作为违纪惩处的第一条。

果不其然，分管违法执纪的白世镜拿法条一核

> **金庸人物注解**
>
> **全冠清：**《天龙八部》中的人物，他是丐帮长老，大义分舵舵主，一个投机主义者，善于玩弄权术，城府颇深。
>
> **白世镜：**《天龙八部》中的人物，他是丐帮的执法长老，武功是“缠丝擒拿手”，情人是康敏，人物形象从开始的正直，后来慢慢转为道貌岸然的伪君子。白世镜一开始出场时，人物形象铁面无私，帮中大小人等，就算并未违反帮规刑罚，见到了他也要惧怕三分。总而言之，他是一位德高望重、有头有脸的人物，是盖世

对，宣布了相关搞政变人员的的处理意见：“奚宋陈吴四长老误信人言，图谋叛乱，危害本帮大业，罪当一刀处死。大智分舵舵主全冠清，造谣惑众，鼓动内乱，罪当九刀处死。”这样的处理，维护了乔峰作为 CEO 的权威，从肉体上彻底消灭深怀异心的反叛分子，也可以让乔峰可以彻底高枕无忧，他完全可以举双手赞成。

英雄乔峰的结义兄弟。后被康敏以美色引诱，与康敏合谋害死副帮主马大元。

但是，乔峰却一一回顾了四个长老以往所做的好事，提出对他们进行从宽处理的意见。他自己根据公司“本帮弟子犯规，不得轻赦，帮主欲加宽容，亦须自流鲜血，一洗净其罪”的规定，往自己身上插了四把法刀，让自己的鲜血求得对他们的宽恕。能对搞政变的首要分子都能网开一面，你看乔峰的格局有多大。大家“见帮主不念旧嫌，代他流血洗罪，无不感动”，乔峰的人格魅力让他的团队对他的崇拜又更进了一层。企图搞政变的陈长老也在内心说“乔峰在众人面前这么一站，凛然生威，因此谁也不敢抢出动手，以致良机错失，一个个束手就缚”。乔峰的大格局，让他在职场上人气爆棚，拥趸众多，他后来虽然因为出身血统问题离开丐帮公司，但大家对他仍然心怀感恩，念念不忘。

一个领导者让下属从内心做到真正的拥护是不容易的。就乔峰来说，他年纪不大就接班，在丐帮公司这个大团队，担任一把手可不是凭着拳头硬、业务水平突出就可以的。他要处理协调方方面面的人和事。一方面，乔峰心中无私，“处事公允”，没有一上来就为自己的七大姑八大姨揽工程、做业务；另一方面，他有担当，碰到困难问题，他总是带头奋勇争先，多次让丐帮公司转危为安。一个领导者的公正和担当，来自于他的格局，而格局更决定了一个人的事业高度。

一个人格局大，眼界就会高。身在职场，每个人都会觉得自己很难；领导不理解，同事不配合，业绩不突出，总感到自己每天忙忙碌碌还一事无成。可一旦你在工作岗位上了一个台阶，回头看看，这些所谓的困难和艰辛根本算不了什么，很多是自己眼界不高造成的自寻烦恼。所以，一个人站在一楼和一百层楼上，看到的风景是完全不一样的。站得高，眼界就高，格局也会大，很多问题就会迎刃而解。就像学了高等数学，那些代数、方程式就显得简单容易了。

一个人格局大，包容度就会大。格局大的人，看问题会看趋势，从不会纠结于个人家族的私利，而会从大局上把握事态发展。解决问题时大气磅礴，拿得起放得下，从而笑到最后。格局大的人，看人不会专门盯住别人的缺点和过错，而是看一个人的主要特质，只要不是万恶不赦，他总是尽量对人宽容，从而赢得更多人的支持。乔峰及时宽恕了四大长老，就显示了他做人的温度，让别人从内心感到温暖，从而赢得大家发自内心的尊重。

一个人格局大，会更有同理心，也更容易与别人合作。格局大的人，与其他团队谈判的时候，不会固执己见，单方面计较自己一城一地的得失，而会站在对方的观点和立场，审视方案的合理性与可行性，求同存异，尽最大可能达成合作，从而实现双方共赢。

20 世纪 80 年代，美国的沃尔玛和宝洁公司，分别作为零售商和制造业的代表，围绕商品价格和货架位置争夺市场的控制权，剑拔弩张。双方高层意识到，如果这样下去，可能会两败俱伤，于是就一起坐下来谈判协商。

高层互动，格局和眼界就不一样，不谈则已，一谈就碰出了火花。沃尔玛和宝洁公司的高层觉得，不能只考虑自己的利益，而是双方要一起努力，加强供应链管理，以降低综合运营成本，提高顾客的满意度，这才是扩大市场的终极目标。于是双方决定信息联网，把沃尔玛的销售库存信息及时和宝洁公司生产部门联网，这样产销信息挂钩的模式，大大提升了宝洁公司的产品生产的针对性，也确保了沃尔玛的库存在合理区间，确保顾客随时能买到自己心仪的产品，从而实现了多方的共赢。这就是现代的供应链模式。当时双方的高层如果没有一定的格局和胸襟，很难创新出这种共赢的模式。

格局决定商业布局。在 2018 年的时候，马斯克的个人财富是 190 亿美元，远远落后于马云等互联网大佬。但是到了 2022 年，马斯克的个人财富已达到惊人的 2190 亿美元。究其原因，马斯克登高望远，准确把握未来科技发展趋势和社会需求，不仅布局了全球电动汽车的生产制造，还挑战性地布局了太空商业探索。巨大的空间给他带来巨大的市场，财富的爆发式增长也就不足为奇了。

格局大的领导者更关注全局，也就具有运筹帷幄、俯瞰大局的高度。在“中国鞋都”温州，潘建中老总作为温州市鞋革行业协会会长，为了促成温州鞋业这个传统支柱产业的长盛不衰，一方面积极向相关部门提合理化建议。相关部门经过调研后，放低技改补助门槛，让更多的小型企业享受到了优惠政策；另一方面，潘建中促成鞋革协会和政府相关部门联动，共同举办“中国鞋都鞋类采购节”，为中小企业拓宽了市场。另外，潘建中还站出来，领头呼吁政府建立鞋业行业的“一业一策”，为成就整个行业生态系统的健康可持续发展做出了巨大的努力。这几项举措为温州鞋业的发展注入了强大的动力，而他从没有为自己的企业向政府提出任何要求。

2022 年，温州推出“中国鞋都向世界鞋都跨越”的系列行动，整个鞋业产业态势良好。众多的鞋业老板对潘建中会长的公心由衷感佩，大家都下定决心，要把温州鞋做成比肩意大利品牌的世界名牌。

视野决定格局，格局决定布局。一个大格局的人，一定会有更多的拥护者，一定具备更加强大的领导力。这两项稀缺资源的加持，会让他在通向成功的道路上无往而不利。

领导有时喜欢装糊涂

洪教主的看破不说破

连自己名字都识不全的韦小宝，有一次正儿八经地好好背了一次书，还受到了嘉奖，这真让人大跌眼镜。这到底是怎么一回事呢？

当时的江湖职场流传着一个传说，世间有一部叫《四十二章经》的奇书，据说这部经书共分 8 卷，里面隐藏着重大秘密，事关大清王朝公司的未来与发展。如果有谁能拿到经书，就有机会解读大清王朝公司的发展脉络，也就可以在关键点上搞破坏，黑掉大清公司，然后趁机壮大自己。所以自然而然地，这部经书就成了当时各个公司门派山头竞相争夺的目标。

神龙教公司的高管胖头陀接受了老板的命令，到处寻找《四十二章经》。有一次偶然的机会，他在五台山普济寺发现韦小宝带着一卷《四十二章经》，就逼着韦小宝说出其他经书的下落。无奈之下，韦小宝只好指着一块千年石碑上的蝌蚪文，胡乱瞎编了一套《四十二章经》的下落，才得以脱身。

金庸人物注解

胖头陀：《鹿鼎记》中的人物，属神龙教五龙门下，其师兄弟为瘦头陀。胖头陀是一个又瘦又高的角色，似乎与他的名称不相符合，但的确如此。其原因是他与瘦头陀外出行事，并准备回教复命之时，由于事前服下了“豹胎易筋丸”，又过了复命期限，所以两兄弟形象大变。胖头陀的出场便是掳走韦小宝，在韦小宝当上白龙使后，又听命于他。胖头陀与陆高轩二人曾随韦小宝共事，后被遣返。韦小宝奉康熙之命攻打神龙教时，胖头陀、陆高轩才再次出场，后死于神龙教教主洪安通之手。

方怡：《鹿鼎记》中的人物，明朝沐王府中刘白方苏四大家将中方氏的后人。其曾经假扮吴三桂的手下入宫行刺，受伤后被韦小宝救下。开始她心高气傲，不把韦小宝放在眼里，直到韦小宝救下了刘一舟等人，才对他另眼相看。后来她被神龙教抓住，并被迫服下"豹胎易筋丸"，受制于苏荃，不得不欺骗韦小宝。最后明白真相的韦小宝原谅了她。方怡也是韦小宝七位夫人之一。

陆高轩：《鹿鼎记》中的人物，神龙教的高手之一。陆高轩文武双全，负责神龙教的药房，指点教众采药制药并提供相关医学经典。他常常和胖、瘦头陀一同行动，后因他和众人知道洪夫人怀上了韦小宝的孩子，洪教主突然纵身上前，一把抓住了

真是听者有意说者无心，韦小宝自己讲过也就忘了，哪知有人偏偏就当了真。因为梦中情人方怡的邀请，韦小宝被请到了神龙岛，不为别的，就为了要解析那块千年石碑上的蝌蚪文。原来，立功心切的胖头陀竟把那篇碑文拓下来，交给了神龙教公司 CEO 洪教主。既然韦小宝能把这些碑文讲出个子丑寅卯来，那他就被当做高级人才，请到了神龙岛做专业解读。

几番交流下来，神龙岛公司的秘书长陆高轩这才知道大家都被韦小宝骗了。无奈之下，陆先生只能按照碑文的字数凑了篇文章，胡乱交代了《四十二章经》的下落。文中还大大歌颂了洪教主，然后逼着韦小宝花了好几天时间背了下来。

到了洪教主接见那天，韦小宝背书时，知道底细的陆高轩秘书长和胖头陀心里直打鼓，怕被精明的洪教主看出破绽。因为他们知道洪教主比那块碑整整年轻了一千多岁，自编自导的这部离奇的穿越剧，谎言简直漏洞百出。可是，让人意想不到的是，洪教主一直笑眯眯地听韦小宝背，对碑文最后歌颂他和夫人的口号更是大加赞赏，说："好，好！我们上邀天眷，创下这个神龙教来。原来大唐贞观年间，上天已有预示。"并当场任命韦小宝为神龙教公司高管，发现人才的胖头陀和陆高轩也都有嘉奖。

大家都觉得洪教主这个领导是大傻，特别容易

忽悠，其实呢，洪教主心里清楚得很。他在宣布给陆先生的嘉奖理由时，点了一句“陆高轩智谋深沉……笔下更十分来得，一篇文章做得四平八稳。很好，很好……”其他人可能一下子还听不出来，但陆先生非常明白，杜撰碑文之事，洪教主心中早已雪亮。

洪教主作为经验丰富的领导者，为什么不马上点破陆先生和韦小宝的把戏呢？其实这正是洪教主的高明之处。分析一下，洪教主一般不外乎有以下几种考虑：

一是陆先生和韦小宝迎合了洪教主奉天承运、政治正确的需要。既然这几位高管都说千年前的碑文中记述了神龙教公司和他洪教主的光辉事迹，这可是大大利好他们这个地下组织的形象塑造。洪教主就是想借这个机会装神弄鬼，于是顺水推船配合这几位高管把戏演了下去，趁机把神龙教公司形象做好，规模做大，蛊惑更多的人加入他的团队，从而壮大势力。陈胜吴广揭竿而起，反对大秦王朝的戏剧就是从鱼肚子里的“陈胜王”鬼把戏开始。韩山童、刘福通他们自己埋了一个石人再挖出来，就指着上面刻的“莫道石人一只眼，挑动黄河天下反”这几个字，大肆鼓吹自己的政治正确，从而把自己抬上了造反团队的领导岗位。

二是洪教主处事留有余地，不想挫伤下属团队的积极性。胖头陀等一班人为了找寻《四十二

他。洪教主重重的一掌，陆高轩顿时双目突出，气绝而死。

章经》花了大力气，虽然一时找不到，还弄了这么个故事来哄他，但从出发点来说也没有什么特别恶意。如果公开场合一下子一针见血地点出来，再狠狠地予以批评训斥，你领导伟光正的形象是树立了，那你让这几个高管的脸往哪儿搁啊？一个领导者能力再强，水平再高，也离不开下属的众星拱月啊。

班超治理西域30余年，方方面面的关系都处理得很好，下属团队也很服他。在离开西域时，他的接班人任尚向他求教，班超说："咱们西域条件艰苦，能到这个地方工作的，身上或多或少都有缺点。而你的缺点是性子急，明察秋毫，待人严厉。当领导太精明了，下属就会怨恨。你当领导的要宽容别人的小错，不能在小事小非上纠结。"可是，任尚觉得班超简直是无稽之谈，领导者怎么可以迁就下属呢？所以他根本不听班超的，结果不久，整个团队搞得剑拔弩张，班超留下的大好局面全部化为乌有。最后，任尚自己也只能卷铺盖走人。

三是洪教主可能表面先装糊涂，客客气气地让大家过关，然后心中悄悄地记下一笔，为以后关键时候的奖罚搜罗素材。虽然韦小宝背假碑文，可以迎合政治正确的需要，而且整个危害性也不是特别大，但是，陆先生等一班人毕竟在领导面前谎话连篇，忽悠领导，违反了工作原则和纪律。虽然这次虽然洪教主暂时不想惩罚，但这笔账，他肯定会记在心上。所以，他会专门向陆先生点一句"一篇文章做得四平八稳"，看似嘉奖表扬，实则暗暗警示陆先生不能太过分。当然，这句话不会让其他人听得出来。下属欺骗领导的材料证据留下了，什么时候抛出来，当然得看时机。

但是领导者装糊涂必须有底线思维，不能对下属真真假假地忽悠不分黑白，一概表态予以支持肯定。这样的话，装糊涂就变成了真糊涂，整个团队都不能有效驾驭了。

现在很多老板都在搞跨界发展，往往涵盖制造业、服务业、金融科技、商业地产等多个板块。一个人本事再好，也不可能有这么多精力精通各方面专业知识和技能。所以，聪明的老板一般交给职业经理人去运作，然后他和这些职业经理人谈好一个基本回报率，基本回报率之外的超额收益，老板一般就不会过问了。这样，这些职业经理人团队有额外可分成这块蛋糕的利益，他们的工作就更会有激情，乃至发挥出他们全部的才华和潜能，从而，最终推动老板的事业越做越大。

水至清则无鱼，人至察则无徒。一个真正能把事业做大的领导者，一定是一个在恰当时候会装糊涂的聪明人。

老板有时会多个心眼

风际中的使命

金庸人物注解

风际中:《鹿鼎记》中的人物，天地会青木堂的成员，表面寡言少语、忠厚老实，实则心狠手辣。他是康熙皇帝安插在天地会的卧底，后被双儿用火枪所杀。

茅十八:《鹿鼎记》中的人物。他最敬重陈近南。茅十八是韦小宝所交的第一个朋友，称为“老兄”。到最后，不管有多少阔别阻隔、怨仇误解，韦小宝一力承担，把他从死囚中救了出来。韦小宝的不负朋友，是贯穿始终的。

钱老本:《鹿鼎记》之

在《鹿鼎记》中，风际中是个小角色。他“沉默寡言，模样老实之极，武功虽高，举止却和一个呆头木脑的乡巴佬一般”。风际中出镜的机会不多，但绝对是个重要角色，因为他承担了大清王朝 CEO 康熙的重要使命。

康熙和韦小宝在过家家的游戏中结下了深厚的革命情谊后，康熙就派韦小宝去干各种各样的私活、累活、脏活，有的事儿还真有一定的难度系数。但韦小宝件件都干得非常漂亮，尤其是联络西藏、蒙古结盟这件事，简直就是神来之笔。为了工作方便，康熙几次调整韦小宝的职位，赋予了他很大的权力。加上他们之间言语举止很随便，关系非常亲密，康熙对一些问题的决策也会听听韦小宝的意见。一时间，韦小宝成了职场大咖争相奉承的流量明星，什么康亲王、平西王、侍卫总管都想要和他交朋友。

人脉关系的积累和有效运作，让韦小宝在大清王朝公司高层内部影响力巨大，简直能呼风唤雨、无所不能。他甚至能私自放了对抗大清王朝公司的造反分子，还鼓动康熙的内卫部队御前侍卫和前锋营相互争斗，从而让自己趁机浑水摸鱼、移花接木，把康熙圈定的死刑犯茅十八救了出来。

正当韦小宝在职场大搞无间道、脚踩多只船、红道黑道白道通吃、玩得不亦乐乎的时候，康熙一句："天父地母，反清复明！韦香主，你好大的胆子呐！"这让韦小宝顿时明白，他所做的一切，都脱不开老板的视线。虽然韦小宝及时地彻底地承认了错误，逃过一劫，但他的心理创伤是巨大的。平时老板嘴巴上说得好好的信任和对我忠诚的肯定，怎么还在我身边安插了卧底呢？韦小宝把自己身边的人一个个都瞄了一遍，却始终想不出这个危险的定时炸弹到底是谁。

在通吃岛上，韦小宝根据老师陈近南的遗嘱，要放郑克塽走路的时候，风际中突然出现了，他说："总舵主的遗命也不是对我而说。属下今日要手刃这恶贼，为总舵主报仇"。他还对韦小宝说，"皇上非常忌惮总舵主"。韦小宝此时才明白，原来通风报信的人是他！

"韦小宝偶尔猜测这奸细是谁，只想到口齿灵便，市侩一般的钱老本；举止轻捷、精明乖巧的徐天川；办事周到、能干练达的高彦超，就是对这个半点不像奸细的风际中，从来不曾有过丝毫疑心。"

中的人物，天地会青木堂下的会众，喜欢在天桥游荡，专业是做养猪杀猪卖猪肉的勾当。

徐天川：《鹿鼎记》中的人物，隶属天地会青木堂，是陈近南及韦小宝的下属。他外号为"八臂猿猴"，武功以灵活轻捷为主，平时喜欢扮作卖"清毒复明膏药"的郎中，在天地会人群中表现较为活跃。

韦小宝虽然在众夫人的的协助下除掉了风际中，但他的噩梦还没结束。韦小宝后来回到北京，抽个空到天地会公司的联络点银杏胡同的小茶馆里转了一下，康熙当天下午就问他："今儿早你去银杏胡同，可好玩吗？"他救了茅十八，康熙又冷冷告诉他移花接木手段不错。无数个"风际中"的安排，让韦小宝在康熙面前简直成了透明人，浑身的不自在。

其实，就老板而言，他对下属重要岗位、重点下属的盯防，正是说明他工作的责任心。如果做老板的仅凭一句古人讲的"疑人不用，用人不疑"的所谓名言，就撒手委托职业经理人去操盘，那万一这些个经理人能力欠缺或者居心叵测呢？一旦经营失败，职业经理人可以拍拍屁股换个东家，所有一地鸡毛的残局只能由老板自己收拾，有的老板甚至把自己一生的积蓄都赔了进去。

战国末年，秦赵两国决战的关键时刻，赵孝成王听信了纸上谈兵的赵括，而替换了老黄牛廉颇，放手让赵括指挥。结果，长平一仗大败于秦，四十万健儿被秦方坑杀，赵孝成王这个老板也因此而穷途末路。

而有的老板则心思缜密，既对重要岗位人物充分授权，又在暗中牵制，有时甚至连备胎都安排好，从而有效地避免了危机。

年羹尧是老板雍正的大舅子，雍正刚当上老板那阵子对他非常信任，不但让他统管西北的军事，地方人事推荐也充分听取他的意见。雍正还对年羹尧的生活关怀备至，甚至都通过快递把荔枝送到西安，让他尝鲜。骄傲的人往往承受不起这恩宠，年羹尧不久就开始结党营私、贪敛钱财。他以为自己手握重兵，岗位重要，保密工作做得好，而且西北是真正的天高皇帝远，雍正一时也奈何他不得。哪知道，老板早在他身边安排了好多个“风际中”，很多有关年羹尧为非作歹的信息早就报给了雍正。既然问题清、情况明，雍正一出手就雷霆万钧，迅速点住年羹尧穴位。雍正让备胎岳钟琪迅速转正，确保了一线部队军心的稳定，年羹尧乖乖地就被替换，一点挽回的余地也没有。

既然老板们都想掌控一切，那么作为员工就要适应，毕竟是他给你发薪水，如果发现在你身边有个别类似“风际中”的人物，你也要见怪不怪，相反你要感到自豪。因为，老板对你的关注凸显了你岗位的重要和能力的出众，精明的老板绝对不会为一个无关紧要的角色浪费感情和资源。同时，你既然猜测到了老板的用意，你更要抱着阳光的心态本色出演，和同事之间不搞亲亲疏疏，人前人后一个样，对工作问题的处理该怎么做就怎么做。时间久了，你表里如一的做法肯定会赢得老板的信任和尊重。绝对不能一发现“风际中”类似人物就想当戏精，自作聪明要和老板玩无间道，企图通过蒙骗老板而从中渔利，那你就会死得很惨。你怎么会知道你身边到底有几个“风际中”呢？况且，数字化的时代，你根本没有多少秘密可言啊。

可能有人会说，既然这家老板会安排人玩“云监工”，让咱成为透明人，那咱惹不起总可以躲得起吧，去跳槽换个老板。其实对公司重点岗位、重点人物的特别关照这件事，可以说是“天下老板一般黑”，因为他们怕万一失控，真的会输不起。不信，你可以换个公司试试看，只不过有的老板做得更隐秘罢了。

其实替老板玩盯梢，干“风际中”卧底的活真是不好玩，面临着人格和内心的双重煎熬。首先，你得和同事们打成一片，装得像，藏得深。一旦你被同事怀疑是老板的间谍，所有的人都会屏蔽你，朋友圈拉黑你，什么聚会活动，也是你也进不了的圈子，你很快就会成为信息孤岛，还会被大家看不起，老板交给你的使命也就无法完成，你年底的考核晋升可就难了。还有，即使你是演技派，获得了同事的信任打成一片，你不能只简单地把自己的所见所闻上报给老板，而是应当把各类碎片化的信息分类集成，提炼出客观真实的意见，报告交给老板。只有这样，你的工作才是有意义的。干卧底这一行，真的还要脸皮厚、狡猾够，否则，真是两头讨嫌。

身在职场，大家都很难；或许只有换位思考，互相理解，有同理心，才能让不同角色的人们关系和谐吧。

老板的爱好决定生态

丁春秋星宿公司的团队文化

《天龙八部》里有家星宿公司，丁春秋是这家公司的创始人。虽然注册在西域番邦星宿海，老板丁春秋却来自圣人之邦的山东曲阜。这家公司奉行的是拍马屁文化，初低级员工奉承中层干部，中层干部奉承高级管理人员。如果老板兼创始人丁春秋出马，除了文字记者、摄像记者，必定还准备星宿乐队、携带锣鼓丝竹等乐器法物，完备齐全。老板稍有出彩举动，就会“猛听得锣鼓丝竹响起，星宿派门人大声欢呼，颂扬星宿老仙之声，响彻云霄，种种歌功颂德、肉麻不堪的言辞，直非常人所能想象，总之日月无星宿老仙之明，天地无星宿老仙之大，自盘古氏开天辟地以来，更无第二人能有星宿老仙的威德。周公、孔子、佛祖、老君，以及玉皇大帝、十殿阎王，无不甘拜下风”。

包不同总结星宿公司必须要修炼的三大功夫：

第一是马屁功。这项功夫如果不炼精，在公司里就活不上半日。

金庸人物注解

丁春秋：《天龙八部》中的反派角色，原籍山东曲阜。他本是逍遥派的弟子，后来背叛师父无崖子，将无崖子打下悬崖。他为了寻找逍遥派的武功秘籍，在西域创立星宿派。丁春秋不仅武功高强，并且极擅用毒。门下弟子称其为“星宿老仙”，江湖中人不耻其行径而称之为“星宿老怪”，他练就一身阴毒武功，其中“化功大法”以剧毒化人内力，武林人士对此最为痛恨。星宿派独门暗器之多、毒药之猛，更是人见人惧。后来在少室山武林群雄大会中，他和虚竹交战，被虚竹用生死符制住，终生囚禁于少林寺。

包不同：《天龙八部》中的人物，姑苏慕容氏麾下的四大家将之一。他排行第三，又称包三先生。他生平决不认错，决不道歉，明知自己错了，一张嘴也要死撑到底。但他为人豪爽，直言不讳，最后因点破慕容复的丑恶行径时被杀害。他最宠他的女儿包不靓。

四大恶人：《天龙八部》中的人物，指“恶贯满盈”段延庆、“无恶不做”叶二娘、“凶神恶煞”南海鳄神、“穷凶极恶”云中鹤。

鸠摩智：《天龙八部》中的人物，为吐蕃国师，大轮寺住持，号称“大轮明王”。他为人高傲自负，痴迷于武学，狂热追求至高武功。为求达到目的不择手段，他屡次施以偷袭暗算。另

第二是法螺功。如果不将公司的做派德行大加吹嘘，不但老板瞧不起，在员工之间也会大受排挤，无法立足。

第三是厚颜功。若不是抹杀良心，厚颜无耻，又如何练得成马屁和法螺两大奇功。

星宿公司的员工在介绍修炼心得时，认为最重要的秘诀是：将老板奉若神明，他老人家放一个屁，都要大声吸、小声呼。否则，就是嫌老板的屁不太香。这样才能修炼成星宿公司的独门功夫。

作为老板的丁春秋，最大的癖好，就是听别人的谄谀之言。别人说得越肉麻，他越听得开心，这样给自己的员工捧了几十年后，他早已深信自己员工的歌功颂德句句是真。所以他也觉得自己能力超凡，公司实力强劲，应该进一步扩大版图，于是他就率团队到了中原。然后，他和他的员工像搅屎棍一样到处惹事，今天灭丐帮，明天斗少林，并且手段下流龌龊，职场上骂声一片。最后，晚了他几十届的校友虚竹出手，在他身上种了“生死符”，丁春秋不得不成了虚竹的小跟班。

丁春秋师出名门，业务能力出众，但人品卑劣，手段下作，创办的星宿公司奉行独有的马屁文化，自欺欺人，虽然生存了几十年，但最终必然走向覆灭。

自吹自擂的马屁文化，会使整个团队不能客观

地分析经营形式，从而对形势产生误判。当时的江湖职场，除了老牌子少林寺公司外，“北乔峰、南慕容”、四大恶人集团、大理段氏集团、吐蕃鸠摩智集团、灵鹫宫集团等等，团队人才辈出，群雄逐鹿，星宿公司根本没有任何的优势。可没有一个员工敢在丁春秋面前说一句反映客观事实的真话。因此在这样的形势下，丁春秋想衣锦还乡，星宿公司进军中原市场，而且迫不及待地兼并收购其他公司门派，因而到处树敌，也就大大地错估了形势。

自我封闭的马屁文化，相互之间以邻为壑。丁春秋布置工作任务之后，每个员工都是自己闭门研究，从来不相互探讨，生怕自己的灵感被别人模仿，这样缺乏思想火花的碰撞，就难以培养优秀人才。而在老板倒下之后，整个团队也就树倒猢狲散了。而丐帮公司、少林公司代代传承，就是因为保持了与时俱进、对优秀人才的兼收并蓄的优良传统。

假话连篇的马屁文化，大搞个人崇拜。表面上把老板丁春秋吹捧得神乎其神，还有很多员工是迫于压力大，只能大吹老板的法螺，其实内心的算盘不少，根本谈不上忠诚。果不其然，丁春秋被小校友虚竹敲打以后，所有的星宿公司员工立刻改弦易辙，成了虚竹的吹捧者。

一个优秀的团队，首先应该有优秀的人，而优秀的人应当具备高尚的品格和出色的能力。高尚的

一方面由于贪婪过度，他跳入功利朋友慕容博的圈套。但他本性非恶，虽三毒炽盛，却不破杀戒，自始至终一人未杀，是被尘埃蒙蔽了的明珠。在最后，鸠摩智尝尽武功尽失的苦痛后，才豁然明白佛家真理，大彻大悟，从此改邪归正，宣传佛法，成为一代高僧。

品格选项很多，但忠诚事业、品德高尚、实事求是、开诚布公是最基本的几项要求。出色的能力，是指他们身上具备的能力和技艺，可以比较出色地完成工作。如果光有出色的能力，道德修养不够，那就更危险，因为这种人干起坏事来祸害得更深，团队对于这样的人应该及时踢出群。

而优秀的文化是一个团队走向辉煌和卓越的保证。通过有效的运作，对外可以树立形象，形成自己独有的品牌和口碑，网罗优秀人才；对内则可以凝聚人心，增强团队的责任感和使命感。由于领导层面观点方法和认知的不同，也可以有很多做法，但总体上是要塑造一个极度求真和极度透明的集体，让大家发展有意义的关系，让每个人感觉自己从事的是有意义的工作，从而实现团队和团队成员更好的发展。应该说，优秀的文化应该是包容和开放的，它可以允许团队成员犯错，可以允许不同的观点和声音。决策过程科学而透明，处理意见分歧高效而务实。

领导者的一言一行，都会对团队产生不可估量的作用，甚至可能引领社会时尚潮流。

李世民的亲妹妹丹阳公主嫁给了李世民手下大将薛万彻，薛万彻虽然打仗有一手，但出身农家，言谈举止粗俗，平时也不能经常哄丹阳公主开心。有一天，丹阳公主生气起来，结果与薛万彻“不与同席数月”，夫妻关系闹得很僵。

李世民知道后，安排了一场智力竞赛，他要和薛万彻当众下一局棋，赌注是一把李世民随身佩带的宝刀。结果三下两下，李世民输给了薛万彻，他的宝刀也佩带在了薛万彻的腰间。一时间，薛万彻成了流量明星，他的举止打扮成了模仿的样板。丹阳公主登时觉得自己土头土脑的老公可爱起来，关系一下子变得你侬我侬。

你看看，老板故意输的一局棋，打造了一个流量明星，让他引领了一小会的时尚潮流，也解决了组织难以解决的婚姻家庭琐事，作用不可谓不大。

老板是一个团队文化的缔造者和推动者，也是示范引领者和宣传推广者。

丁春秋的马屁文化虽然害人害己，但“千穿万穿，唯有马屁不穿”，虚竹在制服丁春秋后，锣鼓丝竹响起，颂扬之声随风而来。

“虚竹虽为人质朴，但听星宿派门人如此颂赞，却也不自禁地有些飘飘然起来。”

打造团队的优秀生态文化，关键看老板、看领导者。

齐王好紫衣，国中无异色。

晋公好恶衣，朝中尽褴褛。

吴王好剑客，百姓多创瘢。

楚王好细腰，宫中多饿死。

上有所好，下必甚焉，任何社会、任何团队、任何个人都是这样的状态。

齐桓公是一代霸主，管仲是他的好搭档。管仲在临死前，劝老板齐桓公有三个人不能用。一个是易牙，因为老板开玩笑，说了一句自己没吃过人肉，他就回家把自己四岁儿子杀了，做了人肉汤送给齐桓公；一个是竖刁，明明有美满的家庭，却为了表示对老板的忠诚，把自己的东东割了当太监，进宫服侍齐桓公；最后一个是开方，在老板身边工作了十五年，从没有回家看父母亲一眼。

齐桓公表面答应了管仲，但等管仲一闭眼，就觉得这三位对自己无比忠诚而加以重用。后来，齐桓公被这三人关起来活活饿死，死了六十天都没人替他收尸。齐桓公可能到死都没想明白，事出反常必有妖，人若反常必有刀。重用了这三个能做出伤天害理和违背人性的家伙，致使团队形成了虚假、狠毒就能得到重用的用人导向，大批卑劣下作的小人都走上了重要的工作岗位，其他优秀员工要么被排挤，要么自我放逐、远走高飞，脱离齐桓公团队。所以，违背常理和人性的忠诚，往往暗藏巨大的阴谋。

每个人都喜欢听好话和被人奉承，优秀的领导者必须努力克服这个人性的弱点，要时刻保持头脑清醒，奉行头脑极度开放的思维方式，时时自警自律，坚持打造允许不同声音存在的开放的团队文化，让大家只为事业成功找理由，不为尔虞我诈找借口。从人性的一般规律出发，不墨守陈规，不固执己见，是克服这个弱点最好的法宝。

及时救场，老板欣赏

向问天的精彩表演

老板在事业推进过程中总会碰到一些困难和挫折，有时候良好的愿望得不到大家的理解和支持，甚至会被当场怼、被喝倒彩，这种场面经常出现。因此，如何迅速了解老板的苦心，避免老板在一些场面上的尴尬，是非常考验职场人士观察和揣摩的临场应变能力。很多人靠及时给老板救场，获得老板的信任和肯定，从而在职场中顺风顺水。

《笑傲江湖》中，五岳集团公司 CEO 岳不群被消灭以后，日月神教公司在华山举办了一场盛会。他们公司的老板任我行觉得自己事业做得很大，要向江湖上其他公司门派炫耀一下。因此，这场盛会，既是一场公关宣传会，满足一下他的虚荣心；同时又要郑重宣布把恒山公司收归自己麾下，让令狐冲当日月神教公司的二把手。本来在这一个喜庆日子，众目睽睽之下，大家都要把任我行这个大老板捧得高高的，可令狐冲的牛脾气上来，偏偏捋了任我行这个大老板兼未来岳父的虎须，他朗声说道：

金庸人物注解

向问天：《笑傲江湖》中的人物，日月神教光明左使，江湖外号“天王老子”。他武功高强，性情豪迈，足智多谋，连东方不败亦承认他是一个人才。他与令狐冲称兄道弟，并一直对日月神教前任教主任我行和其独女任盈盈忠心耿耿。后来他在令狐冲协助下成功救出任我行，之后与令狐冲、任盈盈一起上黑木崖对付东方不败，帮助任我行重夺教主之位。任我行死后，他接替成为日月神教教主。

“承教主美意，邀晚辈加入贵教，且以高位相授，但晚辈是个素来不会守规矩之人，若入了贵教，定然坏了教主大事。仔细思量，还望教主收回成议。”

任我行当时心中真是有一万匹马奔过，这个公司二把手的位子多少人垂涎不已，因为自己女儿任盈盈钟情于令狐冲，他公权私用，在内部会议上做了大量的宣传解释工作，才有今天的成议，可令狐冲当众让他热心贴了冷屁股，这让他的脸往哪里搁？

任我行心中大怒，冷冷地道：“如此说来，你是决计不入神教了？”令狐冲道：“正是。”这两字说得斩钉截铁，绝无半分的转圜余地。

更夸张的是，当令狐冲要离开这场盛会时，向问天敬了他一碗酒后，日月神教公司的一大帮人都要和他喝酒告别。任我行要当场制止吧，显得自己度量太小；不闻不问吧，自己的工作团队成了令狐冲的粉丝团队，大大抢了他“圣教主千秋万载”的风头。他当时只能尴尬地笑，这表情真是比哭还难看，他的内心肯定在流泪。怎么办？怎么弄？这时向问天的表演机会来了。

“忽听得向问天道：‘圣教主明知令狐冲倔强顽固，不受抬举，仍然好言相劝，固是圣教主宽大为怀，爱惜人才，但另有一番深意……他老人家算定令狐冲不肯入教。大家向令狐冲敬酒，便是出于圣教主事先嘱咐。’”

果然这段话一讲，在场的日月神教公司的一干人觉得任我行这个大老板料事如神，大大往任我行脸上贴了金，而任我行心中舒服无比，这场盛会就欢欢喜喜继续下去了。

当然，像这样及时替老大救场的活儿，向问天平时肯定干了不少，否则他在这么重大的场合不会拿捏得这么准，任我行好几次都在心里说，还是老向真正明白他，了解他。所以，向问天在日月神教公司虽无二把手之名，却稳稳地坐了二把手之实。

作为一个老板，为什么会出现公开场合被人抢风头、喝倒彩的情况？无非是情况掌握不明，工作方案脱离实际，自己能力水平欠缺等等。

想动员令狐冲加入日月神教公司，但任我行事先却没有和令狐冲好好沟通，根本不知道令狐冲的真实想法和动态，也不知道自己手下很多员工已经成了令狐冲的铁粉，以为凭日月神教所向无敌的强大势头，给令狐冲一个头衔，把令狐冲带领的恒山公司的利益照顾一下，他就会乖乖地加入。哪里知道令狐冲对“千秋万载，一统江湖”的做派很反感，所以当场就怼了任我行，一大帮人还要和令狐冲喝告别酒……任我行自己闹了一个老大不开心，个人威信也受到了影响。

作为一个老板，他的志向一般比较远大，视野也比一般人开阔，掌握的资源也比普通员工多，工作能力也比大家强。同时他迫于各方面的工作指标和公司考核的压力，他提出的工作要求和指标往往会过高过快，远远超出了团队本身的工作能力。这样，如果老板在公开场合说自己意见，大家要么曲高和寡，无人喝彩；要么干脆躺平，不闻不问；更激烈一些的则会直接对抗，造成不可收拾的场面。

还有一些老板本身就是靠祖上产业继承或者搞裙带关系、吹吹拍拍当经理上来的，他们自己没有很好地去研究指标任务的合理性，只唯上，只唯书，不唯实，推进工作进行动员部署时照本宣科，搞上下一般粗。只问结果不问过程，动不动就追责问责，写检讨，扣奖金，搞处分，弄得基层员工很伤心，这样的老板有时被喝倒彩也再所难免了。

老板在公开场合被抢风头、喝倒彩，是严重的公司事件。如果没有人及时补台救场，轻则老板大人的威信尽失，重则会造成一个组织团体精神涣散。其实作为一个老板在公众场合被怼、被抢风头、被喝倒彩，他当时的内心是非常卑屈和无助的，如果你能挺身而出，就会成他的救命稻草；如果你还能处理好这尴尬局面，顺便往老板脸上贴贴金，老板心中一定会倍感温暖，也会对你另眼相看，大大欣赏，那么，你的事业进步也是指日可待。

当然，在这种场合能迅速化解尴尬局面，必须要有分析判断的能力、揣摩老板意图的能力和一定的人脉关系。

一个老板在公开场合被怼，作为下属一定要看得懂形势，迅速判断症结所在，是工作出发点的问题还是工作方案不合理的问题，是老板态度傲慢的问题还是基层利益呼声得不到关切的问题，是下属有预谋的策划还是临时的起意……如果你懵里懵懂，老板被怼了，你却看不清局面，还凑热闹讲些不知死活的话，那你今后职场的发展也将会不死不活，毫无生机。

基本情况看清后，要根据老板的意图进行包装加工，宣传讲解。宣传讲解老板的意图时，要让老板站在道德高地，要让老板成为智慧化身。老板当场被怼，说明老板的权威已经受到挑战，你去化解时不能狐假虎威大打老板权威牌，否则会进一步激化矛盾，你有可能会成为牺牲品。

明代土木堡之变以后，有个叫陈镒的监察御史在开会的时候，向新上任的皇帝老板朱祁钰提出，要彻底清算大坏蛋王振的余党和流毒，得到大家响应。哪知道这个朱老板新店刚刚开张，胆子小，说要研究研究。结果，大家当场不干了，逼着朱老板同意。老板被怼，有人来救场了。可皇宫卫队长马振欠缺救场的工作艺术，还出来骂大家不守规矩、以下犯上，结果火上浇油，马振当庭被这批官员群殴致死。文官打死大内高手，这真是一群披着人皮的狼啊。

给老板救场，人脉关系也很重要。向问天在日月神教公司资格老，交往多，他和令狐冲本来就是哥们儿，话里明面上捧了任我行，喷了令狐冲，说他不懂事。令狐冲也很理解老向同志的苦心。而且，向问天在日月神教公司摸爬滚打几十年，很多员工经常跟他一起喝酒、赌钱，他这张老脸一出来，加上巧舌如簧的解释宣传，员工们都会相信任我这个老板思虑深远、运筹帷幄，一切都是为了公司利益，其用心良苦，为公司的发展不惜屈尊降卑，放下架子网罗人才，真是为革命事业鞠躬尽瘁。所以有时不看佛面看僧面，你拥有较好的人脉关系，也是救好场的资本之一。

给老板救场，有时会难免说一些过头的话，许诺一些优惠条件，你不要太担心实际操作性和兑现可能性，只要先让眼前的危机过去，老板会有办法一个一个摆平不听话的家伙。任我行当时心里就这么想：

“这些家伙当着我的面，竟敢向令狐冲小子敬酒，这笔账慢慢再算。眼前用人之际，暂且隐忍不发，待得少林、武当、恒山三派齐灭之后，今日向令狐冲敬酒的，一个个都没好下场。”

职场逆淘汰要不得

看华山派开除令狐冲

金庸人物注解

木高峰:《笑傲江湖》中的人物，人称“塞北明驼”。由于其想夺取《辟邪剑谱》，将林平之父母杀害，后被林平之所杀。

方证:《笑傲江湖》中的人物，少林派掌门方丈。他是“易筋经”的大成者，同时身怀“千手如来掌”、“金刚禅狮子吼”等佛门武学。方证身材矮小，容颜瘦削，神色慈和，也是武当派掌门冲虚道长的重要伙伴。

定闲师太:《笑傲江湖》中的人物，恒山派掌

发展是第一要务，创新是第一动力，人才是第一资源。职场中的各类人才就是香饽饽，各个组织、企业会给职称，给待遇，给荣誉……在招贤纳士这件事上，大家都唯恐自己落后他人一步，失去先机。但如果领导没有开阔的人才观，职场逆淘汰也会时时发生。优秀人才被扫地出门，只会让亲者痛，仇者快。

令狐冲是华山公司第二代人才里，最优秀的业务标兵。他从小被老板和老板娘收养，老板和老板娘视他为己出，他自己也很争气，业务能力提升得很快，替公司干了很多脏活累活。他更是一位创新型人才，与老板的宝贝独生女儿岳灵珊，创出了“冲灵剑法”。如果不出意外，他将是华山公司当仁不让的接班人，他也有能力把华山事业做大做强。

表面上看，华山公司 CEO 岳不群表面上看，是一位很要上进的“谦谦君子”，华山自从上代“剑

宗”“气宗”发生内讧而一蹶不振，他这个负责人，感到自己业务水平离顶尖高手总有那么一丝丝差距。所以，他一直努力，想在自己业务能力上寻求突破。

嵩山公司CEO左冷禅一再提出五岳并派，如果五岳并派一旦实施，岳不群感到以自己的能力，肯定当不了老大。牛尾不如鸡头，在岳不群领导人的地位岌岌可危的情况下，他想寻找秘密武器，迅速提升自己业务水平的念头也越来越重。

岳不群的眼睛盯上了“辟邪剑谱”的持有人：福威镖局林震南一家，他介入了“辟邪剑谱”的争夺战。林震南夫妇被青城公司余沧海、个体户木高峰折磨致死。死前，机缘巧合，林震南碰到了令狐冲，委托令狐冲给已加入华山公司的儿子林平之传话：“请……请你告诉我孩子，福州向阳巷老宅地窖中的物事，是……我林家祖传之物，须得……须得好好保管。”

令狐冲把话传给林平之以后，岳不群和林平之开始在向阳巷老宅翻箱倒柜，但怎么找也找不到宝贝。自然而然，令狐冲成了嫌疑人。加之令狐冲违反公司规定，在面壁期间，得到前辈高人风清扬的传授，学了独孤九剑，在药王庙中横空爆发，刺瞎了十五位高手的眼睛，虽然他救下了华山公司事业和整个团队，但更引起岳不群的严重猜忌。

门。她与其师姐定静师太、师妹定逸师太并成为“恒山三定”。为人随和，武功卓绝，见识广博。生前极力反对五岳剑派并派，定闲师太临终之时为保大局，将恒山派掌门之位传予令狐冲。

老板老板娘都被对手按在了地上，令狐冲才出手，纯粹是想看领导笑话。

在岳不群的一再坚持下，华山公司坚决开除令狐冲这个优秀人才，令狐冲只能凄凄惨惨地离开了华山公司。华山公司虽然在岳不群找到秘密武器后辉煌了一阵子，最终因缺乏人才和违背职场道义规则而覆灭。

之所以存在人才被逆淘汰，无非这几种原因：领导猜忌；同事妒忌；对手的反间计。

金无足赤，人无完人。一个人是否被逆淘汰，关键是看领导会不会以开放包容的格局，来正确看待人才身上的小毛病、小错误。

事实上，令狐冲被华山公司开除以后，少林寺公司立刻抛出了橄榄枝，让他当俗家弟子修炼“易筋经”疗伤。“易筋经”可是少林寺的镇寺之宝，负责人方证说：“自达摩老祖以来，这易筋经只传本寺弟子，不传外人，此例不能自老衲手中而破。”但在他眼里，和招纳人才相比，没有什么是不可以付出的。他马上对前面团队留下来的规则进行了调整，创造性地提出“佛门光大，只渡有缘”，令狐冲顷刻便成了少林寺的有缘人。怪不得少林寺历经千年香火兴盛，和它的领导人不断地招才纳贤不无关系。

恒山公司 CEO 定闲师太则是慧眼识英雄。虽然和令狐冲接触不多，但坚决果断地打破公司历代负责人只能是女士的规则，请令狐冲接班。果然，令狐冲带领恒山走出了危机。

还有日月神教公司 CEO 任我行，也以副总裁和接班人位置为条件，吸纳令狐冲。别人奋斗了一辈子还捞不到一个中层干部，令狐冲则可以越级提拔。如果长期坚持用好令狐冲，日月神教公司真的可以与日月同辉。不知岳不群在知道华山走向灭亡的道路上后，有没有去买后悔药呢?

崇祯皇帝当老大期间，可谓内忧外患。他面临的第一要务就是要进一步统一思想，凝聚力量，寻找突破，重整山河。刚开始，他对名将袁崇焕信任有加，加封他为太子太保，授尚方宝剑。皇帝如此重视人才，一时间让大家看到了大大的希望。袁崇焕也很争气，一鼓作气打了几个胜仗。被打得一筹莫展的后金老板皇太极，恨得牙齿痒痒的，必定想要对袁除之而后快。

有一天，皇太极翻到《三国演义》“蒋干盗书”这个章节，计上心来，就到处散布“袁崇焕要勾引后金兵入关，是后金内应”的消息，然后，故意放了几个大明朝廷方面的俘虏。这几个家伙为了洗白自己，就把所谓的绝密消息上报到有关部门。加上袁崇焕有几个竞争对手趁机落井下石，在一旁煽风点火，崇祯也就真相信了。袁崇焕受到“寸磔”而死，这简直如儿戏一般的反间计，偏偏让自我感觉神明英武的崇祯皇帝上了大当。一代有想法又有办法的战略战术家袁崇焕落了这么一个下场，让前方的沙场战士一片寒心，士气从此一蹶不振。崇祯自毁长城，离煤山（崇祯自尽的地方）越来越近，十匹马也拉不住了。

职场人才受到逆淘汰，最终决定性因素是领导。领导者的人才观，必须要独立思考，心态开放。选人用人是一场高风险的赌博，要投入大量时间，才能基本了解员工能否胜任工作。然后在培训再培训的过程中，会耗时数月乃至数年时间，并花费大量金钱。一旦选人用人失误，士气被打击一大片，产生的后果不是金钱所能弥补的。让合适的人做合适的事，建立一套适合优秀人才成长的工作和考核机制，对他们在创新路上的失败和失误要耐心和包容。就优秀人才而言，比金钱和职位更重要的是对他们的体贴和宽厚，只有这样，你的团队优秀人才才能留得住、聚多得、打得响。

千里马很稀缺，作为领导者，该怎么当好伯乐呢？不拘一格选人才，这是加强领导力的大课题，也是事业进一步做大做强的大法宝。

让人舒服是大本事

韦小宝的人脉江湖

大字不识几个的韦小宝竟然在职场纵横捭阖、游刃有余，在担任大清王朝体制内的公司高管的同时，还兼任了天地会的青木堂分公司负责人、神龙教公司的白龙使。这几家公司的CEO康熙、陈近南、洪安通都对他信任有加，很多重要的工作安排推进，都少不了韦小宝的身影。而韦小宝在认真完成领导交办的工作的同时，还通过上下其手，拉帮结派，迅速形成了自己的利益同盟朋友圈，当时的三教九流都以结交韦小宝为荣。

首先来看看韦小宝在体制内的朋友圈人脉。

温有道、温有方等小太监团伙。他们是韦小宝初入职场的赌友。韦小宝收放自如、见好就收的牌桌技巧，让这几个小太监欠了韦小宝不少钱。但韦小宝总是能恰当地豁免他们的债务，所以，他们觉得和韦小宝玩没有压力，最开心舒服，于是这几个小太监成了他的第一波粉丝。虽然他们没什么大势

金庸人物注解

张勇：历史人物，字非熊，陕西咸宁（今陕西省西安市）人，清朝名将，河西四汉将之首。张勇原为明朝副将，后投降清朝，担任游击将军，随孟乔芳转战陕甘，镇压米喇印、丁国栋起义，升任甘肃总兵。后又随洪承畴经略湖广、云贵，升任云南提督。三藩之乱时，张勇被封为靖逆将军、靖逆侯，切断甘肃叛军与吴三桂的联系，加少傅兼太子太师。张勇也是《鹿鼎记》中的人物，韦小宝的结拜兄弟。

力，但最接近核心领导，信息灵通，韦小宝通过他们才第一次进入了最高领导康熙的办公室。

康亲王、索额图、多隆等高管权贵。韦小宝成为制服鳌拜的大英雄之后，这帮人就见风使舵，主动接近韦小宝这位大清王朝 CEO 康熙跟前的大红人，甚至提出和韦小宝结拜兄弟。这帮人位高权重，门生故吏遍布大清王朝公司的各个层面，神通广大，很多事在他们手上都可以大事化小，小事化了。

赵良栋、张勇等业务尖子。这帮人虽然地位不是很高，但一步一步从基层熬上来，既会带队伍，又能抢市场，大清王朝公司平息内部山头势力的战役都是他们主打的。他们这帮人性格豪爽，不会去当舔狗搞关系，韦小宝给了他们充分的信任。甚至在追逃反叛驸马吴应熊的重大战役中，韦小宝敢于采纳原来吴氏集团公司王进宝的意见，做到了用人不疑，最后一击即中，大功告成。

施琅的家里人被自己的老东家台湾郑氏集团公司杀了以后，他只得改换门庭投奔了大清王朝公司。这类人在公司内部既没体系又没势力。施琅虽满腹兵法，一心想报仇雪恨，但苦于没人替他在老板面前推荐，他只能在北京坐冷板凳。韦小宝和他交流后，觉得他干活还是有一套，就在征剿神龙教公司时推荐了他，施琅的才华终于得到了展示。

王进宝：历史人物，字显吾，甘肃靖远人，清朝名将，河西四汉将之一。王进宝早年隶属甘肃总兵张勇麾下，随张勇转战湖广、云贵，升任经略右标中营游击。康熙二年（1663 年），王进宝改任甘肃提标左营游击，后由参将、副将，累升至西宁总兵。三藩之乱时，王进宝在陕甘屡破叛军，被授为陕西提督、奋威将军、一等男爵。王进宝也是《鹿鼎记》中的人物，韦小宝的结拜兄弟。

施琅：历史人物，字尊侯，号琢公，福建省泉州府晋江县（今泉州市晋江市龙湖镇衙口村）人，明末清初军事家，清朝初期重要将领。施琅早年是郑芝龙的部将，1646 年（顺治三年）随郑芝龙降清。不久又加入郑成功的抗清义旅，成为郑成功的得力助手。郑成功手下曾德一度得罪了施再来看看韦小宝在体制外的江湖人脉。

天地会公司的领导同事。韦小宝阴差阳错地成了天地会公司的高管以后，CEO 陈近南成了他的老师。除了直接下属外，还结识了吴六奇、马超兴等各路神仙，他们散落在社会各个阶层，有较强的组织性和纪律性，关键时刻甚至可以替韦小宝挡抢眼。

茅十八、吴立身等江湖草莽。韦小宝的职场第一课就是茅十八给他上的。他跟着茅十八到了北京，又陆陆续续结识了沐王府吴立身、王屋公司司徒鹤等一大帮反清复明人士。这帮人虽然时不时地出点状况，需要韦小宝出手搭救，但这帮人都懂得知恩图报，到处唱韦小宝的赞歌，在职场江湖上大大积聚了韦小宝的人气和流量。

韦小宝还和平西王公司的杨溢之结拜兄弟。这家公司名声很臭，黑白两道都想要把它置之于死地，但韦小宝觉得杨溢之够义气，就和他结了生死之交。

韦小宝还和少林寺公司澄光、澄观等十八罗汉在保卫大清前任 CEO 顺治的工作中结下了深厚情谊。澄观这个 80 多岁的老和尚也成了“韦粉”。韦小宝甚至还有国际化视野，与罗刹国的苏菲亚公主公主谈起了朋友，交情匪浅，回到国内后，还有书信来往。

琅，施琅借故杀曾德而得罪了郑成功，郑成功诛杀了施琅的父亲与弟弟。由于亲人被郑成功杀害的大恨，施琅再次降清。施琅投降清朝后，被任命为清军同安副将，不久，又被提升为同安总兵、福建水师提督。1682 年（康熙二十一年），康熙帝决定攻台，命施琅与福建总督姚启圣一起进取澎湖、台湾。1683 年（康熙二十二年）六月，施琅指挥清军水师先行在澎湖海战对台湾水师获得大胜，上疏吁请清廷在台湾屯兵镇守、设府管理，力主保留台湾、守卫台湾。因功授靖海将军，封靖海侯。施琅也是《鹿鼎记》书中的人物，他在北京坐冷板凳时，韦小宝推荐他出征神龙岛，他的能力才逐步得以展示。

吴立身：《鹿鼎记》中的人物。云南沐王府下属干将，他外号“摇头狮子”，是“铁背苍龙”柳大洪的师弟，刘一舟、方怡的师叔。

杨溢之：《鹿鼎记》中的人物。吴三桂手下的一名武将，官职为总兵。其人武功高强，但其深具豪情，处事大方，做人光明磊落，和《鹿鼎记》中的主角韦小宝颇有渊源。他虽是吴三桂的得力手下，却没有屈从吴三桂的官威与盛怒，最后落得个“人彘”的下场，确实悲壮。

澄光：《鹿鼎记》中的人物之一，五台山清凉寺方丈，少林寺的十八罗汉之一，暗中保护顺治皇帝。

澄观：《鹿鼎记》中的人物。少林寺般若堂首座，武艺高强，为人处世却很幼稚。韦小宝当康熙替身在少林寺出家时，法名晦明，澄观是韦小宝的师侄。

纵观韦小宝的职场活动，只要和他有交集的人和事，他都处理得妥帖到位，让对方感到舒服。所以，大部分人都成了他的职场盟友。有了这些人脉资源，韦小宝的在职场呼风唤雨、如臂使指，形成了强大的势力圈，有时甚至连老板都他不得不对网开一面。韦小宝的职场引路人、江湖草莽茅十八，到了北京后，到处寻衅滋事，还辱骂大清王朝 CEO 康熙，被逮到判了死刑。康熙钦命韦小宝担任监斩官，但韦小宝敢冒天下之大不韪，竟然抓了台湾郑氏公司投降的忠臣冯锡范当了替死鬼，把茅十八换了出来。这样的惊天大案，康熙知道后，只能叹了口气，说：“这样了结，那也很好，也免了外面的物议。只不过，你这般胆大妄为，我可真拿你没法子了。”

韦小宝之所以在职场能拥有这么多的人脉关系，除了他在体制内担任职务所获得的权力、影响力外，关键在于他与人交往的时候，总是很顾及对方的面子，让对方感到舒服。从而，他也能够很好地把握了各种机遇。那么，他摆平各方利益群体的手段有什么呢？

韦小宝有强大的内心。

韦小宝周边的人关系复杂，都代表各方势力，有各种各样的利益诉求，有的甚至是水火不相容。韦小宝有时早上在向大清王朝公司表示忠心，下午可能就要对照天地会公司的帮规守则，进行自我批评，晚上还要写报告，向洪教主汇报盗取《四十二章经》的进展情况。不同的工作角色，有时甚至在相同的时间里进行角色转换，韦小宝经常处于冰火两重天的状态，如果没有强大的内心，得精神分裂症是迟早的事。

韦小宝奉康熙之命，带队炮轰神龙岛后，又被方怡骗上了岛，面对洪教主的严厉责问，韦小宝照样面不改色心不跳地歌颂洪教主的英明，这颗心真是百变不惊、水火不侵。强大的内心，关键时刻赋予了韦小宝奥斯卡影帝级别的演技，阿谀奉承的马屁话大段大段地随口而出，明明是谎话连篇，却能让别人不得不信。颂词熏得人欲醉，韦小宝趁着洪教主他们不注意的时候，在双儿的帮助下，骑上了梅花鹿逃之夭夭。这一次，他是彻底炒了洪教主的鱿鱼。

韦小宝还有一定的格局气量。

由于韦小宝出身市井底层，曾经受到过太多的侮辱与责骂，因此他对很多事都已经见惯不惊。所以在他担任高级领导干部后，对下属的一些不尊敬行为，他并不会以牙还牙进行打击报复，反倒有时会逆向思维。这种格局和气量，不是常人能具备的。有一次，韦小宝到天津参加公务活动，下面有个大

吴应熊：《鹿鼎记》中的人物，吴三桂的儿子。康熙为了稳住吴三桂，把自己妹妹建宁公主许配给吴应熊，让韦小宝当赐婚史，护送建宁公主到云南成婚。结婚后，吴应熊被康熙当作人质，软禁在北京。吴三桂起兵造反后，他被康熙处死。

胡子武官对他不恭敬，换成有的领导肯定会记住这家伙，找机会给他穿小鞋。可韦小宝却在王屋山剿匪战役中点名这位大胡子主阵，因为他觉得“拍马屁的，就没本事。这大胡子不肯拍马屁，定有本事”。事后证明他目光如炬，妥妥的伯乐一枚。而大胡子赵良栋在韦大人手下工作既不用拍马屁，又能升官，这样畅快的差事简直打着灯笼也找不到，他理所当然就成了韦小宝的死党。

韦小宝身处高位，但一旦有利益，他从来不“独食”，能做到利益均沾，见者有份。即使给天地会公司的员工派活，他也会把大把大把的银子花出去，从来不问下面会不会报虚账。钱不是万能的，但没钱万万不能。金钱是人际之间很好的润滑剂。因此，和他有过工作接触的人，见到他都是皆大欢喜，很多人都成了他的“铁粉”。

韦小宝也懂得人性的把握。

韦小宝周边的各色人等，观点立场、文凭学历、能力水平、性格爱好等各有不同，和他们交往时就要懂得“到什么山唱什么歌”，见人说人话，见鬼说鬼话。让他们在内心认可你，有时更要懂得维护弱者的尊严。平西王公司少当家吴应熊带着手下到康亲王府拜访，康亲王有意识要给他来个下马威，手下的工作人员故意寻衅滋事，把吴应熊部下的帽子全部打飞。韦小宝在边上看到吴方这些人眼睛里要冒出火来，但他知道做人都要留三分余地，就把帽子一一捡起，送到他们手上。韦小宝这个小小举动立刻赢得了大家感恩，平西王公司的杨溢之因此也成了韦小宝的死党，对他言听计从。

施琅从台湾郑氏公司投诚大清王朝公司后，不甘心坐冷板凳，就变卖家产到处拜码头跑关系。可是由于大清公司CEO康熙没态度，那些善于察言观色的高管没一个好脸色给施琅看。倒是韦小宝听说施琅曾经打败过郑成功，能力肯定不错，就立刻安排接见，嘘寒问暖，然后推荐他和自己一起出征神龙岛。枯坐冷板凳的施琅终于有了用武之地，心中对韦小宝感恩万分。所以，韦小宝经常不按常理出牌，懂得把握每个人内心渴望被尊重的需求，恰到好处地关心关爱那些职场的弱势群体，看似漫不经心的举动，却收获到大片大片的职场友谊。

韦小宝还很善于学习。大家都觉得他在职场造诣已经很高，可是，有一天他听到国防部长明珠的话，就觉得自己差距还很大，要拜明珠为师，修炼职场成长真经。那次，康熙问明珠如何处理平西王公司尾大不掉的问题，明珠说："皇上思虑周详，算无遗策，满朝奴才们所想到的事情，早已一一都在皇上的料中。奴才们想到的计策，再高也高不过皇上的指点。奴才只需听皇上的吩咐办事，皇上怎么说，奴才们就死心塌地、勇往直前地去办，最后定然大吉大利，万事如意。"毫无观点的马屁话竟然也能从这样的高管口中滔滔而出，也就难怪韦小宝甘拜下风了。

韦小宝盘根错节的职场人脉，让他干起工作来都能从各方面得到借力借势，一些看似难以完成的杂事、难事、险事，在他手上总能化腐朽为神奇，干得分外漂亮。他的老板康熙对他特别信任，对他的祖宗三代都发文件授予荣誉称号，连自己的父亲是谁都不知道的韦小宝只好叫夫人苏荃为他父亲编造了一个名字，报到文化宣传部门应付了事。

可能也有人批评韦小宝见人说人话、见鬼说鬼话的做派，待人不够真诚。其实，身在职场，双方良好的沟通的第一步，就是能搭得上话，如果，碰见鬼，你还在絮絮叨叨讲人世间的道理，鸡同鸭讲，他根本听不懂你讲什么，何来下一步的沟通与合作呢？

身在职场，所有的交往都是相互的。当别人与你交往感到舒服，别人就愿意和你交朋友，朋友多了，坎坷的路也变成了坦途。

创新冲破内卷

张三丰开创武当时代

张三丰原名叫张君宝，原来是少林寺公司图书馆扫地打杂的编外人员，偶尔跟着迂腐的老和尚觉远念经打坐。在他十六岁的时候，由于一场误会，他和觉远老和尚一起被赶出了少林寺。临死之前，觉远老和尚把一套少林寺公司核心业务秘籍《九阳真经》口授给张君宝。

送别觉远老和尚后，无家可归的张君宝在武当山下孜孜不倦地修习《九阳真经》。十余年后，他的能力境界大大提升。某一次，他在一个山洞里苦思冥想七天七夜，“猛地里豁然贯通，领会了以柔克刚的至理……他以自悟的拳理、道家冲虚圆通之道和九阳真经中所载的内功相发明，创出了辉映后世、照耀千古的武当一派武功。”

少林寺公司是当时修炼业务水平的最高学府，里面设有罗汉堂、达摩院专门机构进行教育传承，并且图书馆里关于练功程序的书汗牛充栋、浩如烟海，这里可以说是修炼业务能力的天堂。但是，由

金庸人物注解

觉远：《神雕侠侣》和《倚天屠龙记》中的人物，少林寺藏经阁管理书籍的和尚。他无意中练就楞伽经夹缝里的《九阳真经》里的内功，是小说中绝顶的内功高手之一。

郭襄：《神雕侠侣》中的人物。郭靖、黄蓉的次女，郭襄的名字出于父母镇守襄阳的信念，双生弟弟是郭破虏。郭襄秀美豪迈，容貌有三分相似母亲黄蓉，因处事兼得父母之风格，亦正亦邪，隐隐有外祖父黄药师的性子，姐姐郭芙称她“小东邪”。郭襄

16岁时遇到杨过，杨过送她三枚承诺金针，并为她在襄阳城英雄大会中大办生日宴，使她终生难忘杨过。郭襄18岁离家出门游历，一生追寻杨过未果。少林派觉远大师圆寂之际，背诵部分《九阳真经》上的经文，郭襄、张君宝（张三丰）、无色各自默记了一部分。郭襄根据自己所记住的片段，自创了峨嵋九阳功。襄阳城破时，郭襄正身在外地，她的父母及弟弟壮烈殉国，她持倚天剑幸存。后来她出家为尼，开创峨嵋派。

武当七侠：《倚天屠龙记》中的人物组合，包括宋远桥、俞莲舟、俞岱岩、张松溪、张翠山、殷梨亭、莫声谷，是武当派掌门张三丰的弟子。殷梨亭与莫声谷由师兄授教。

于对自己公司程序的过分自信，一代一代的修炼者很少进行创新，大部分人修炼到一定程度就进入瓶颈状态，只能靠重复重复再重复、拼命拼命再拼命。像比较有天资的澄观老和尚，从十一岁开始在少林寺学习，一直到了五十三岁，才对“一指禅”这套程序略窥门径。他在韦小宝面前介绍心得的时候，还洋洋自得，说：“以四十二年而炼成一指禅，本派千余年来，老衲名列第三。”而且，少林寺清规戒律太多，想要学到真本事，必须告别滚滚红尘，落发为僧。这道门槛，就让很多高智商人士望而却步。

即使进入了少林寺学习，也忍受不了这寂寞，因此，很多人在少林寺呆了几年，学了点皮毛，就会离开少林寺自立门户。但是由于这些小公司门派历史传承不够，根基不扎实，加上没有创新，很多修炼程序都是低水平重复，内卷严重。看似玩得热热闹闹，公司CEO的花名一个比一个厉害，但只要出去遛一遛，少林寺稍微有点资历的员工一出来，就可以把各大公司门派的高手击败。唯有张三丰开创的武当学术公司，不重复少林寺的学习程序，依靠创新，一鸣惊人。短短的七八十年间，竟能和少林寺分庭抗礼。那么，张三丰的创新之路是怎么走的呢？

扎实的积累，是张三丰创新的基础。

《九阳真经》是少林寺顶级的打怪升级修炼程

序，却偏偏写在四卷梵文《楞伽经》的行缝之中，很多人到藏经阁找补习材料的时候，都忽略了。觉远和尚在挑水扫地的工作之余，无意之中学习背诵修炼。而张三丰耳染目濡，每天感受熏陶，不知不觉中神功附体。小东邪郭襄在华山送了张三丰两个铁罗汉，这可是当时最先进的“智能机器人”，它可以帮助学习少林寺基本套路精华，张三丰有空就玩铁罗汉，受益匪浅。还有，大高手杨过在华山上指点了少年张三丰四个基本动作，让他站在了巨人的肩膀上。这些机遇，给张三丰进一步提升业务能力、融会贯通进行创新，打下了扎实的基础。没有知识的积累，只想创新是可笑的，就像没有学过高等数学的初中生，他不可能去突破哥德巴赫猜想；一个电脑盲，他根本无法编写人工智能程序的道理一样。

跳出固有思想窠臼，是张三丰成功的前提。

少林寺是打怪升级程序的集大成之地。如果，张三丰凭着对老东家少林寺膜拜的态度去学习修炼这些程序，没有打破固有思想窠臼进行大胆设想、小心求证，他最多只能创办少林寺公司分号。在职场江湖为了抢资源，降尊临卑和那些个小公司一起内卷，肯定很累很委屈。张三丰针对当时少林系刚猛有力、以快打慢的特点，创造性开发了“以柔克刚”“四两拨千斤”的程序，颠覆了少林寺公司修炼程序体系，曲径通幽，闯出了一条新路。这套程序也成为武当公司的标志性成果。

张三丰还在实践中不断印证创新成果，使武当程序不断兼容升级，让创新走向至高境界。

创新不能都在实验室里进行，它应该全方位、持之以恒地渗透在创新者生活的全部过程中。张三丰年近百岁高龄，仍然对发展武当系程序不断钻研，经常搞“闭关”这种程序开发活动，一旦有研究成果出来，总是第一时间进行实践检验修正。有一次，他闭关出来，突然遭到赵敏带领几大高手的偷袭，受了重伤。情急之下，他当即指导张无忌修炼他的最新研发成果“太极拳”和“太极剑”，来对抗赵敏的几大高手。张无忌虽然现学现用，但与众不同的程序打法，加上张三丰不断在边上指点修正，赵敏手下的几大高手在新程序前铩羽而归。凭实力说话的创新成果在实践中大放光彩。

创新是在和孤独赛跑，对一个人的心智有极大的考验，一旦做不好，很多人就会因此走火入魔。但创新成功后带来的红利也是巨大的，像少林系修炼程序，澄观这个少林寺公司千年以来的第三聪明人，修炼了四十二年，终练成“一指禅”程序。而张三丰的学生“武当七侠”，年纪轻轻，就行走在职场江湖，各大公司门派对他们的能力才干无不尊崇敬畏。每年到了招生季，不知道有多少人涌向武当山，不知道又会替武当创造多少收入利润。

创新型的公司在市场竞争中总是居于有利地位。制造化学农药系列产品的某科技公司的曾仲武、曾挺父子，三十年来一直走在创新路上。他们首先斥巨资搜罗在全球农药化工领域研发成果领先的专家，成立省级企业研究院，这样的决心可不是一般企业家能有的。由于实力强劲，研究院下设的国家 GLP 实验室一举通过国家农业部的验收和 CNAS 认证，目前已经成为为数不多国内一流、国际认可的 GLP 实验室。

强大的创新团队，让曾氏父子公司的产品研发和市场转化始终走在国际同行前列，有的产品甚至控制了全球全国市场。像“有机锡类”原药杀菌剂，他们是全球唯一的制造生产商；“噻螨酮”原药杀菌剂，占了全国市场的90%。有这样的产品在市场上，曾氏父子的公司就有了绝对的定价权。因此他们根本不走低价内卷的竞争路线，而是始终把产品质量、功效做到极致，这样就能订单滚滚来。目前，曾氏父子公司在江苏南通、浙江温州、四川南充等地布局了三大生产基地，整个集团近期目标是要达到200亿的年度营收。这家科技公司系列产品充分的利润保障，让他们每年有更加充裕的资金投入在创新的事业中，也就有更足的底气进一步招纳全球英贤。眼下，科技创新已成为这家科技公司上上下下自觉地行动，相信不久的将来，世界农药市场将迎来属于他们的时代。

创新能积聚优秀人才，提升品牌形象；创新能冲破低端重复、降价竞争的内卷，占据竞争优势。唯有创新才能让企业走上快速发展壮大的康庄大道。

后 记

职场经历了三十年，已过了天命之年，感到可以为自己写个总结。

去年开始谋划写该书的时候，拉了几篇提纲，兴奋了一阵子，觉得写职场故事也不是难事。但正式动笔的时候，却感觉自己像站在一座高耸入云的山下，抬头望去，山高崖陡不知遥，对自己的信心感到严重不足。后来，在几位朋友、同事的鼓励下，一篇一篇写下来，不知不觉中，坚持了下来。现在翻翻自己的作品，逻辑混乱、点评乏力、文笔稚嫩等问题都在书中或多或少存在，但说出了自己的真话，心里也感到欣慰。

也有读者讲，书中写了一些历史人物，但与史实有出入，这里要特别说明一下，凡是分析的金庸小说里的历史人物，我全部采用小说家言。其他历史案例剖析，则尊重历史史实，如有不严谨之处，欢迎读者提出批评意见。

最后，要特别感谢蔡军剑、林月嫦、谢树标、潘旸、黄影、杨礼文、陈梵、蔡云霄和吴丽洁等老师们，你们陪我一路走来，付出了艰辛，一并在这里表达我的谢意，没有你们的支持，就没有该书的出版发行。谢谢!

山里听雨

2023.6